건축 사진·스케치
기초부터 따라하기

건축 사진·스케치 기초부터 따라하기

1판 1쇄 인쇄 2018년 7월 2일
1판 1쇄 발행 2018년 7월 9일

지은이 이훈길

발행인 김기중
주간 신선영
편집 강정민, 박이랑, 양희우
마케팅 이민영
펴낸곳 도서출판 더숲
주소 서울시 마포구 양화로16길 18, 3층 (04039)
전화 02-3141-8301
팩스 02-3141-8303
이메일 info@theforestbook.co.kr
페이스북·인스타그램 @theforestbook
출판신고 2009년 3월 30일 제2009-000062호

ISBN 979-11-86900-55-0 (03540)

이 도서의 국립중앙도서관 출판예정도서목록(CIP)은 서지정보유통지원시스템 홈페이지(http://seoji.nl.go.kr)와
국가자료공동목록시스템(http://www.nl.go.kr/kolisnet)에서 이용하실 수 있습니다.(CIP제어번호: CIP2018018710)

건축 사진·스케치 기초부터 따라하기

도시건축부터 인테리어까지 사진과 스케치로 이야기하다

이훈길 지음

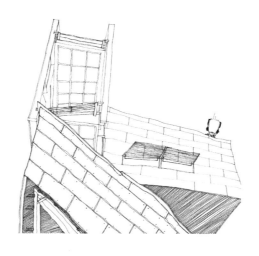

더숲

차례

3장

건축 스케치,
나만의 틀에 도시의 풍경을 담다

책 사용 설명서

　　물건을 구매하면 그 안에는 해당 제품을 이용하기 위한 절차 및 방법 등을 상세히 명시한 사용 설명서가 들어 있다. 우리는 물건을 사면 그 설명서를 제일 먼저 살펴본다. 하지만 책에는 사용 설명서가 따로 들어 있지 않다. 대부분의 사람들은 아마 책을 읽는 방법에 대한 설명서는 필요하지 않다고 생각할 것이다. 그래서 『건축 사진·스케치 기초부터 따라하기』에서는 사용 설명서를 쓰기로 했다.

　　이 책은 평범한 일상을 살아가는 당신에게 도시건축과 나의 관계, 건축가로서의 나의 역할, 그리고 디자인으로 가득찬 삶을 돌아볼 수 있도록 도움을 주는 가이드 역할을 할 것이다. 이 책의 목적은 여러분들의 지식을 늘리는 것뿐 아니라, 생각을 행동과 실천으로 이끌어내는 데 있다. 가장 중요한 목표는 일상에 책의 내용을 충분히 잘 활용하고, 그 과정에서 진정한 자신을 알아가는 일이다.

　　건축 사진과 건축 스케치를 이야기하기 전에 짚고 넘어가고

싶은 것이 있다. 바로 '좋은 건축 디자인이란 무엇일까?'에 대한 것이다. 좋은 건축디자인이란 관점과 시각의 문제이다. 여기에서 건축과 함께 디자인이라는 단어를 사용하는 이유는 반복되는 일상 속에서 우리는 많은 디자인 개념과 원리를 활용하고 있고, 자신이 생각하는 최선의 방식으로 하루하루를 디자인해 살아가기 때문이다. 느끼고 있든 아니든, 당신은 디자이너다. 일상을 디자인하면서 보고 듣고 읽고 느끼는 것을 찍고 그리는 행위는, 당신에게 '삶이란 무엇인가?'라는 질문을 던진다. 그 무엇을 찾기 위해서 당신은 이 책에서 마음에 드는 것은 기억해두었다가 활용하고, 마음에 들지 않는 부분은 잊어버리면 된다.

당신은 이 책과 이야기를 나눌 수 있고 놀 수도 있다. 갖고 있는 감정이나 느낌, 사물에 대한 시각, 다양한 경험들을 토대로 자신의 언어를 만들어내는 데 있어 중요한 아이디어를 얻을 수도 있다. 따라서 이 책은 일상을 바라보고자 할 때 매우 쓸모 있고 가치

있는 도구가 될 것이다. 이제 카메라와 연필을 들고 무한히 펼쳐진 자신만의 캔버스 위에 밑그림을 그려야 할 때다.

　비싼 카메라와 특별한 펜은 필요 없다. 다만 생각할 수 있는 여유와 카메라, 스케치북 그리고 연필 하나면 충분하다. 나만의 표현을 익혀 내 삶을 더 구체적으로 바꿔 그려 나갈 수 있게 하는 것, 그렇게 자신만의 언어를 만들어나가는 것이 더 중요하다. 이 책이 그 밑그림에 작게나마 도움이 되길 바란다. 또한 도시건축과 공간 디자인을 꿈꾸는 이들에게는 '세상을 보는 관점과 시각을 넓히는 건축'이 무엇인지를 깨닫게 해줄 좋은 지침서가 되길 바란다.

- 사무실 한편에서 이훈길

[　　　사진과 스케치는 나를 비추는 창과 같다.　　]

1장

세상을 바라보는 관점

디자인은
관점과 시각이
반영된 결과다

사고는 매우 미묘하면서도 순간적이다. 머릿속으로 생각하던 것은 어딘가에 재빨리 고정해두지 않으면 곧 사라져버린다. 따라서 떠올린 아이디어를 기록으로 남기기 위해서는 신속성이 필요하다. 여기에 특화된 것이 바로 사진과 스케치다. 카메라와 펜은 사람들이 생각하고 배우고 의사소통을 하는 데 사용할 수 있는 가장 단순화된 해결 방법으로, 우리의 사고를 인화지나 종이 위에 빠르게 옮겨준다.

사진과 스케치는 눈과 손이 구현한 것이다. 우리는 구현되기 이전의 일상을 살아간다. 모든 사람들은 자신의 생각을 바탕으로 각기 다른 시각의 일상을 보고 느낀다. 관점은 이러한 눈에서 시작된다. 한편 단순히 생각의 바탕 없이 어떤 대상을 보는 시력의 중심점은 시점이라 부른다. 시점은 눈이 세상을 받아들이는 투시도의 소실점과 관계된다. 소실점이 하나면 앞에 보이는 면이 사각형으로 또는 본래의 모양대로 보이게 된다. 소실점이 두 개면 기준점이 물체의 모서리에 있기에 수직선이 강조되고, 소실점이 세 개면 물체는 3면이 동시에 보이며 3차원 물체로서의 모양을 형성하게 된다.

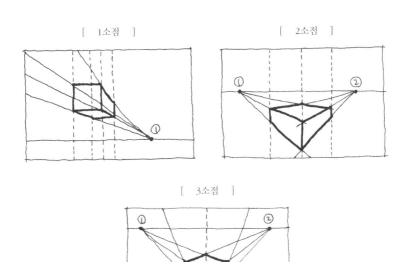

[1소점]

[2소점]

[3소점]

소실점의 관계를 건축의 눈으로 바라보면, 1소점/2소점/3소점에 따라 다음과 같이 이야기할 수 있다. 1소점 효과는 건축의 평면이 변형되어 보이지 않으므로 비교적 비례, 균형, 크기 등을 명확하게 보여줄 수 있다. 2소점 효과는 모서리 수직선이 강조되므로 건축이 드라마틱하게 보이는 효과가 있어 극적 효과를 위한 투시도에 많이 사용된다. 3소점 효과는 건축물을 위에서 내려다보는 경우처럼 3면이 보이기 때문에 건축을 설명하기에 적합하다. 따라서 시점은 눈으로 바라보는 세상의 시각적 표현이다.

시점에 따르면, 눈에 보이는 일상은 사실 그대로 펼쳐진다. 하지만 관점의 경우에는 평범한 일상에 자신의 생각이 투영되기 시작한다. 관점의 사전적 의미는 '사물이나 현상을 관찰할 때 그 사람이 보고 생각하는 태도나 방향', '사물과 현상에 대한 견해를 규정하는 사고의 기본 출발점'이다.

건축 사진과 건축 스케치는 항상 자신의 시점이나 관점이 개입된 결과물이다. 시점과 관점은 사진을 찍는 사람과 스케치를 그리는 사람의 시선을 다른 사람이 헤아려볼 수 있다는 점에서 비슷한 부분이 있다. 다른 점은 관점의 경우, 사진을 찍는 사람과 스케치를 그리는 사람의 마음가짐에서 비롯된 생각(개성이라고 부르기도 한다)이 사진과 스케치에서 드러난다는 것이다. 관점이 투영되지 않은 사진이나 스케치는 의도가 담긴 작업물이라기보다 그저 평범한 일상을 표현한 것에 지나지 않는다.

한편, '성찰을 전제한 자세와 태도'인 '시각' 역시 관점만큼이나 일상을 관찰하는 데 중요하다. 시각이 반영된 건축 사진과 건축 스케치는 새로운 창작물이 된다. 실재의 건축과 재현된 정보의 해석 사이에서, 자신의 언어가 고스란히 반영되기 때문이다.

건축 사진을 찍고 건축 스케치를 하는 일상이 내게는 모두 디자인이다. 다루는 대상이 뭐든지 간에 조금이라도 다른 관점과 시각에서 보고자 노력한다. 때로는 그러한 시각에서 무언가를 만들어내고자 하는 갈망과 의지가 오히려 표현하는 방법을 주도하기도 한다. 자연스럽게 디자인을 보는 시각과 디자인에 대한 패러다임이 변하고, 내가 표현하고 싶은 '이상ideal'도 변화한다.

큰 그림, 즉 추구하는 바가 같더라도 객관적인 디자인이란 있을 수 없다. 디자인은 절대적으로 주관적인 사고의 결과물이다. 삶의 대부분을 좌우하는 것은 결국 나 자신이며, 내가 세상의 정보를 선택하고 걸러내며 해석하기 때문이다. 아무리 과학적인 접근을 취하더라도 결국에는 개인의 관점과 시각이 반영된 결과가 생성된다. 그렇기 때문에 항상 자신의 관점과 시각을 점검해야 한다. 그것이 디자인에서 가장 중요한 도구이자 매체이다.

[　　　일상의 시점으로 본 세상　　　]

[관점과 시각으로 본 세상   ]

눈과 손,
그리고
찍는 것과 그리는 것

세상을 바라보는 자신만의 눈을 위해서는 개성이 필요하다. 이것이 관점이며 시각이다. 우리는 관점과 시각을 통하여 일상을 눈에 담고 손으로 기록한다. 카메라로 찍고 펜으로 그리는 행위는 눈은 사진으로, 손은 스케치로 변환되는 과정이다. 카메라와 펜은 단지 도구일 뿐이다. 중요한 것은 찍고 그리는 주체인 바로 나 자신이다. 세상과 어떻게 소통하느냐에 따라 찍히는 대상도 그려지는 대상도 달라진다.

눈으로 어떤 대상을 바라보는 것이 단순히 시신경의 작용으로만 환원될 수는 없다. 세상을 보는 눈은 모두 서로 다를 수밖에 없

[일상을 바라보는 나만의 관점이 중요하다.   ]

2012 서울건축문화제 세계건축일상전 사진부문 Best 10 선정

「모두 다른 삶 속에서 자신만의 스케치를 한다.」

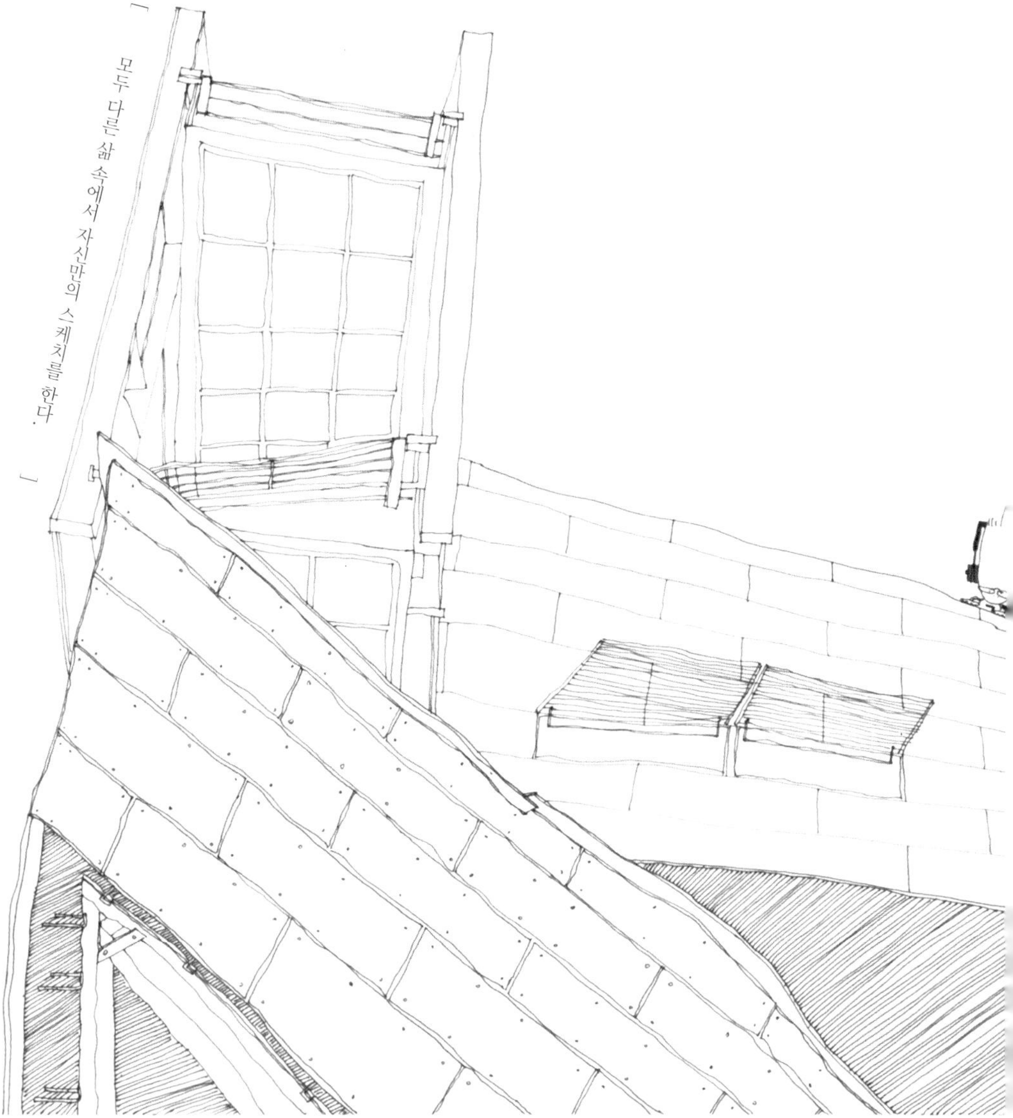

매거진 C-STORY [나도 저작권자] 우수상

다. 각자가 만들어낸 이미지는 개별적인 현상이면서 동시에 문화적 함의 속에서 관찰하고 연구해야 하는 대상이다. 왜냐하면 세상을 읽을 수 있는 관점과 시각은 그 시대를 살아가는 사람들의 문화적 해석이 되기 때문이다.

우리는 모두 서로 다른 삶을 산다. 학교에서 같은 수업을 듣고 회사에서 똑같이 일해도, 자기 전에 스마트폰을 만지작거리면서 보는 인터넷 기사가 다르고, 거리를 걸어가며 쳐다보는 광고판이 서로 다르다. 주변 사람들과 내가 비슷할 수는 있어도 이야기를 나누다 보면 분명히 생각의 차이가 드러난다. 우리 모두는 각자의 삶을 살고 각자의 경험을 가지고 있다. 이 경험의 차이는 사고방식의 차이를 만든다. 세상에 나와 똑같은 생각을 가진 사람은 없다. 세상에서 유일한 '나'의 생각이 곧 '창조적'인 것이다. 내가 특이하고 이상한 생각을 하지 않아도 이미 내 생각 자체가 새로운 것이다. 이 책을 읽는 당신도 어느샌가 새로운 관점과 시각에 한 발짝 다가갔을 것이다.

나는 대학교에서 건축을 전공하면서부터 건축물을 표현하는 다양한 기법에 관심을 갖게 되었고, 그때부터 조금씩 사진과 스케치를 배우기 시작했다. 나도 처

Hypo Alpe-Adria Centre
Klagenfurt, Austria
Morphosis
        2011.12.09 Fri

［　　　새로운 관점과 시각에 한 발짝 다가가다.　　　］

음부터 사진과 스케치에 능숙했던 것은 아니다. 살아오면서 지금까지 꾸준히 관심을 가지고 하루하루 일기를 쓰듯이 찍고 그리다 보니 책까지 쓰게 되었다. 잊지 않은 것은 나의 생각과 표현이 유일하다는 마음가짐이었다. 나에게서 시작된 관심을 건축으로 옮겨갔고 사진과 스케치로 이동하였을 뿐이다. 관심의 촉발은 언제나 나로부터 시작된다. 자신의 삶에 대한 태도와 생활관, 취향이 건축 사진과 건축 스케치에 자연스럽게 녹아드는 것이다. 이제 마음의 준비는 끝났다. 자신을 바라보는 여행을 시작해보자.

2장

건축 사진, 빛과 그림자로
삶의 이야기를 담다

건축 사진에
결정적 순간을 담다

감각적인 건축 사진이란 무엇일까? 사실 우리가 살고 있는 주변의 모습을 멋지게 사진으로 담는 데에는 많은 장비나 기술이 필요하지 않다. 시간과 카메라만 있으면 된다. 하지만 기억해야 하는 사실이 있다. 건축 사진은 빛과 그림자로 수많은 삶의 이야기를 보여준다는 것이다. 그래서 항상 빛에 민감해야 한다.

건축 사진에서는 자신이 기다린 결정적 순간을 자신의 방식으로 표현해야 한다. 카페에서 여유롭게 커피를 마시는 사람의 배경이나 걸어다니면서 볼 수 있는 빌딩숲 등의 흔한 사진은 일상의 기록일 뿐이다. 자신이 바라보는 세상의 관점과 시각을 표현할 수

감각적인 건축 사진이란 자신이 기다린
결정적 순간을 자신의 이야기로 표현한 사진이다.

있는 순간의 이미지를 찾고 기다려야 한다. 그래서 건축 사진은 쉽지 않다.

건축 사진을 촬영하기 위해서는 건축과 사진을 동시에 알아야 한다. 건축 사진은 단순히 건물 외관을 찍어내는 복제물이 아니다. 사진이라는 영상매체를 통해서 건축을 표현하는 것이다. 대지 위에 놓인 3차원적인 입체 건물을 평면이라는 2차원의 인화지에 재창조하는 작업이다.

건축 사진은 실체적인 것이며, 동시에 건축물에 존재하는 공간적인 체험까지도 포함한다. 그러므로 건축 사진을 찍는 일은 건축물에 대한 객관적인 기록이면서 동시에 사진을 찍는 사람의 관점과 시각이 들어간 표현행위이다.

건축 사진은 현실적으로 존재하는 대상만을 찍는다. 건축 사진의 사실성은 물리적인 존재를 추상적이고 평면적인 영상으로 표현하는 시각화의 과정을 통해서 비로소 나타난다. 이때 그 현실 세계와 허구의 세계를 이어주는 매개체로서 사진 찍는 사람이 존재한다.

사진을 찍는 사람의 의도와는 상관없이 사진은 그 자체가 독립된 메시지를 가지고 있으며, 많은 경우 사진 찍는 사람이 전달하고자 하는 내용을 제대로 표현해주지 못하는 것도 사실이다. 그러므로 입체적인 공간요소로 구성되어 있는 건축물을 평면적인 변형을 거쳐 건축 사진으로 표현하고 소통한다는 것은 어려운 작업이다.

촬영한 사진 가운데에 우연히 건축물이 찍혀 있거나, 건물을 주된 대상으로 해서 찍었다고 해서 그것을 모두 건축 사진이라고 이야기할 수는 없다. 도시의 번화가에서 찍은 사진이나 관광지에서 찍은 기념사진에 건물이 찍혀 있다고 해서 그것을 모두 건축 사진이라 부를 수 없는 것과 마찬가지이다. 폐허 같은 오래된 건물의 깨진 유리창에 저녁노을이 반사되고 있는 풍경을 우연히 목격해 클로즈업해서 찍은 사진도 아름다운 사진일 수는 있으나 건축 사진이라고 할 수는 없다.

확실한 목적을 가지고 찍을 대상인 건물을 선택해서 건축 공간을 촬영하는 사진을 건축 사진이라고 한다. 건축 사진은 크게 둘로 구분할 수 있다. 실용 사진으로서의 건축물을 위한 건물 사진과 사진작품으로서의 건축 사진이다. 이 둘을 비교해보며 건축 사진에 대해 더 자세히 알아보자.

실용 사진으로서의 건축물을 위한 건물 사진

공사를 하는 현장의 모습이나 건축물의 모습을 대신 보여줌으로

[실용 사진으로서의 건물 사진   ]

써 정보 전달을 목적으로 하는 건물 사진이 있다. 이는 실용 사진으로서 직접 가서 보지 못하는 다수의 사람들에게 건축물에 대한 이해의 폭과 깊이를 더해준다. 건축물을 사진으로 표현하는 데 있어 대지, 구조, 재료, 질감, 비례, 공간, 색깔, 매스 등이 어떻게 혼합(사용)되어 조화를 이루는가를 몇 장의 사진으로 표현해야 한다. 실용 사진으로서의 건물 사진은 건축물을 너무 사실적으로 나타내거나 과장, 왜곡, 굴절시키기도 하지만, 현실적인 측면을 고려하여 도면, 모형, 투시도, 드로잉 등의 다른 방법과 함께 사용할 때 효과적인 정보 전달 수단이 된다.

사진작품으로서의 건축 사진

하나의 피사체로서 건축물이 선택되고, 아울러 건축물을 위한 사진으로도 해석될 수 있는 것이 바로 사진작품으로서의 건축 사진이다. 실용 사진과 다른 점이라면 사용목적이 없으며 사진을 찍는 사람의 관점과 시각에서 감정이나 느낌을 표현하는 사진이라는 것, 즉 사진 찍는 사람의 관심 대상으로 건축물이 선택되고 그 관심을 사진으로 표현하는 것이다. 여기서 관점은 건축물을 이해하고 소개시키기 위한 정보 전달의 수단이 아니다. 그렇기 때문에 작품으로서의 건축 사진에는 사진 찍는 사람의 시각이 더욱 폭넓고 깊게 반영된다.

[　　　작품으로서의 건축 사진　　　]

눈으로 보고
카메라로 찍다

건축 사진은 바닥, 벽, 지붕, 천장 등을 통해 공간을 구성하고 있는 건축을 2차원의 평면에 담아내야 한다. 건축 사진을 촬영하기 전 건축도면을 살펴보고 가면 좋겠지만, 자신이 찍고자 하는 건축의 도면을 일반인들이 구하기는 현실상 어렵다. 따라서 촬영하고자 하는 장소에서 3차원의 건축물을 관찰하고 이해할 수 있어야 한다.

건물이 입체라는 점 이외에 또 하나 유의할 점은, 건물은 공중에 떠 있지 않다는 점이다. 건물은 지면에 고정된 채 세워져 있어 대지와 밀접한 관련을 맺는다. 그러므로 건축 사진을 찍기 위해서는 대지의 특성과 함께 건축물의 3차원적 입체를 파악하고 사진의 기술적 특성을 알아야 한다.

어떻게 하면 건축 사진을 잘 찍을 수 있을까? 물론 처음부터 잘 찍을 수는 없다. 조급해 말고 하루에 한 장씩 사진을 찍어보자. 찍은 사진은 자신의 방 한쪽 벽에 붙여놓고 눈에 보일 때마다 살펴보도록 한다. 마음에 안 드는 사진은 이후에 더 잘 찍은 사진으로 교체하여 붙인다. 이렇게 매일 무심코 사진을 보다 보면 자신도 모르는 사이에 건물의 입체적 특징을 파악할 수 있다. 자신이 어떤 표현 방법을 쓰고 있는지도 더 잘 이해하게 된다. 이 습관을 기르는 데는 손에 들린 휴대폰만으로도 충분하다. 지금 바로 시작해보자.

[벽에 사진을 붙이고 매일같이 보도록 한다.   ]

건축 사진을 찍기 전에 알아야 하는 기본 지식

입체적인 공간

입체적인 건물은 실제로 공간 전체를 한눈에 볼 수 없다. 우리가 볼 수 있는 공간은 눈의 시선이 멈추는 일부분뿐이다. 건물은 성격에 따라서 외부 공간과 내부 공간이 다르며, 건물의 전체 모습은 높은 곳에 올라가 내려다보거나 설계도면과 모형 또는 3D를 통하여 살펴볼 수 있다. 건축 공간은 가로, 세로, 높이(깊이)를 가진 바닥, 벽, 천장 등에 의해서 한정된다. 건축물은 분명한 입체이

제11회 부산 건축사진전 은상

[긴장감 있는 구도로 공간감을 살린다.   ]

지만 건축 사진에서는 세로와 가로의 평면을 가진 2차원으로밖에 표현되지 않는다. 건물의 공간감을 입체적으로 표현하는 방법은 회화에서 항상 사용하듯이 건물이 가진 그림자를 적절하게 활용하는 것이다. 빛과 그림자를 활용하여 흑백의 대비로 입체적 공간감을 나타낼 수 있다. 건물은 정면보다는 오히려 측면에서 찍는 것이 입체감을 표현하는 데 좋다. 만약 그림자가 잘 지지 않는다면 건물의 특징을 파악하여 공간을 잘 드러내줄 수 있는 위치에서 계단, 벽, 창문 등을 활용하여 긴장감 있는 구도를 잡아야 한다.

양감과 스케일

우리가 매일같이 보는 건물은 양감을 가지고 있다. 양감, 즉 볼륨감(부피감)을 그대로 사진으로 재현하는 것은 어려운 일이다. 건축물의 크기, 부피, 두께, 무게 등에 대한 느낌이 동시에 모여 하나의 덩어리처럼 표현되어야 하기 때문이다.

　　건축 사진에서는 거대한 건물이 작은 크기로 찍히거나, 반대로 좁은 실내가 실제보다 훨씬 넓게 보이는 경우가 있다. 한 장의 사진 안에는 스케일이 큰 초고층 빌딩이나 스케일이 작은 주택을 구분하지 않고 표현해야 하기 때문이다. 각 건물의 스케일 차이를

[양감을 표현하기 위해서 나무나 자동차 등을 건축물과 함께 찍는다.   ]

표현할 때는 구도나 빛, 그림자 등 여러 가지 요소를 활용할 수 있다. 화면 속에 건물 이외의 대상을 함께 찍는 것도 하나의 방법이다. 많은 사람들이 일상적으로 체험해서 알고 있는 사람, 자동차, 나무, 구름 등과 건물을 비교시켜 촬영하면 스케일과 양감을 표현하기가 쉽다.

질감의 표현

질감이란 거칠다, 매끈하다, 부드럽다 등 물체의 표면에서 느껴지는 성질이다. 건축에서 질감은 직접 손으로 만졌을 때의 촉각적 질감과 눈으로 보았을 때 느끼는 시각적 질감 모두를 포함하며, 재료에 의해서 드러난다.

　건물이 다양한 재료들의 조합이라는 점에서, 재료가 가진 질감의 묘사는 건축물의 표현에 있어서 중요한 요소가 된다. 질감을 촬영하는 방법에 따라 건물의 이미지도 쉽게 바뀌기 때문에 나무나 돌을 비롯해서 벽돌, 스테인드글라스, 콘크리트, 철, 알루미늄, 유리 등 재료 본래의 질감을 관찰하고 빛에 따라서 어떻게 변화하는지 살펴보아야 한다. 건물의 외장재가 벽돌, 시멘트, 나무, 회벽 등과 같이 거칠 경우에는 태양의 각도가 가파른 직사광선이 비칠

[여러 재료의 질감을 관찰하고 빛에 따라 어떻게 변화하는지 살펴봐야 한다.   ]

때 사진을 찍어야 질감이 가장 잘 표현된다. 반면 유리, 타일, 금속 등과 같이 매끈한 외장재의 경우에는 일출이나 일몰에서의 반사광을 받을 때 촬영하는 것이 질감 표현에 유리하다. 건축 재료의 질감을 사진에서 정확하게 표현해내는 일은 건축물 전체를 사진 속에 정확히 담아내는 데 있어서 중요한 역할을 한다.

명암과 빛의 관계

건축 사진에서 밝고 어두움으로 명암이 생기면 현실과 같은 입체감이 생겨 마치 부피와 무게, 덩어리를 가지고 있는 것처럼 느끼게 된다. 명암은 반드시 빛이 있어야 표현이 가능하며, 빛이 없으면

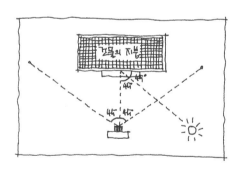

정면 촬영 시 최적의 태양광은 45°이다.
위쪽의 측광은 건물의 질감과 입체감을 표현하는 데 좋다.

[빛에 따라서 명암의 표현이 다르다.   ]

사진을 찍을 수 없다. 그래서 명암과 빛은 동시에 고려해야 한다.

건축 사진에서 가장 좋은 빛은 일반적으로 건물을 정면으로 바라보는 위치에서 카메라의 좌우 45도, 높이 45도에 태양이 위치해 있을 때가 가장 이상적이다. 태양은 항상 움직이기 때문에 건물의 배치, 태양의 각도 등을 고려해서 촬영 시간대와 위치를 선택하는 것이 중요하다. 계절에 따라 공기의 느낌이나 빛의 성질이 달라지지만, 겨울철에는 특히 일조시간이 짧고 콘트라스트(한 화면에서 밝은 부분과 어두운 부분 간의 격차)가 약해진다는 사실을 고려해야 한다. 외장이 석재나 콘크리트로 되어 있어 단단한 느낌을 주는 건물에 일몰의 강한 햇빛이 비치면 어두운 부분과 밝은 부분의 윤곽이 매우 분명한 사진이 나온다. 건축물에 입체감을 주는 것은 빛이다. 그래서 건축 사진에서는 더욱 태양광의 효과적인 활용에 관해서 생각해야 한다.

건축물의 색 표현

건물은 다양한 색을 띠고 있다. 건물을 구성하는 재료에 따라 저마다 고유의 색을 가진다.

건축 사진에서는 여러 가지 방법을 통해 의도적으로 건축물의

[건물은 건축 재료에 따라 고유의 색을 가지고 있다.   ]

색감에 변화를 줄 수 있다. 건물의 외관을 태양빛으로만 촬영하는 경우에는 시간대의 차이뿐 아니라 구름의 정도나 비의 유무 등에 따라 색이 조금씩 다르게 표현된다.

실내 촬영의 경우에는 모든 종류의 인공 광선이 재료 고유의 색들을 모두 바꾸어놓기 때문에 화이트밸런스(빛 아래에서 촬영하는 경우 빛의 색온도를 맞춰 보정하여 언제든지 백색이 백색으로 촬영되도록 하는 기능)를 통하여 색온도를 조절해야 한다.

실외 촬영에서는 하늘과 푸른 나무들, 벽과 유리의 반사, 재료에 따른 빛의 흡수 정도를 고려하여 촬영해야 자신이 원하는 건물의 색을 카메라에 담아낼 수 있다.

구도의 포착

건축 사진은 공간뿐 아니라 형태를 표현하기 때문에 구도가 중요하다. 기본 구도를 바탕으로 창조적인 구도의 가능성을 모색해야 한다.

건축 사진은 선택한 건물 정면에 서서, 건물 전체를 바라보는 것에서 시작된다. 대부분의 경우 건물 정면이 건물의 인상을 좌우하며, 건물을 만든 사람의 생각이 건물의 정면에 직접 표현되기 때문이다. 이후에 건물의 전후좌우를 살펴보고 건물 내부로 들어가 건물의 특징을 이해해야 한다. 건축 사진에 있어 구도 결정의 첫째 조건은 건물로의 접근이며, 주변 건물과의 관계를 살펴보는 것이다.

구체적인 설명이 없어도 주제가 확실한 건축 사진이 좋다. 따라서 찍고 있는 대상과 찍고자 계획한 대상을 누구나 확실히 알 수 있도록 화면 구도를 포착하는 일이 핵심이다.

건물을 찍을 때, 카메라를 위로 향하면 피사체인 건물은 하늘을 향하여 솟아오르는 동적인 인상을 준다. 반대로 카메라를 아래로 향하면 구도가 불안정해지고, 긴장감이 생긴다. 같은 대상을 찍는 경우라도 카메라의 각도와 위치에 따라 보는 사람에게 주는 인상은 달라진다. 직선과 곡선이 갖는 시각 표현의 특색, 성격, 의미를 이해하고, 건축 사진의 주제를 잘 드러낼 수 있도록 조화가 잘 잡힌 구도를 찾아야 한다.

건축 사진의 구도를 살펴볼 때는 카메라의 세로와 가로 위치에 대해서도 고려해야 한다. 가로 위치는 화면에 안정감이 있고 넓이의 표현이 자유롭기 때문에 사람들이 많이 활용한다. 적절한 세로 위치의 사진은 높이를 보이는 구도 등으로 오히려 색다른 구도를 촬영할 수도 있다.

기본적인 구도의 종류를 살펴보자. 먼저 삼각형 구도는 무게 중심이 아래에 있어 안정감이 있는 구도로 원근감을 연출할 때 사용한다. 역삼각형 구도는 불안정한 화면 구성이 되며, 곡선 구도는 직선에 비하여 완만한 리듬감과 부드러움, 우아함을 느끼게 한다. 대각선 구도는 화면 밖으로 뻗은 듯한 느낌을 주어 다이내믹하고 강력한 운동감과 속도감이 있다. 수직선 구도는 단정한 아름다움

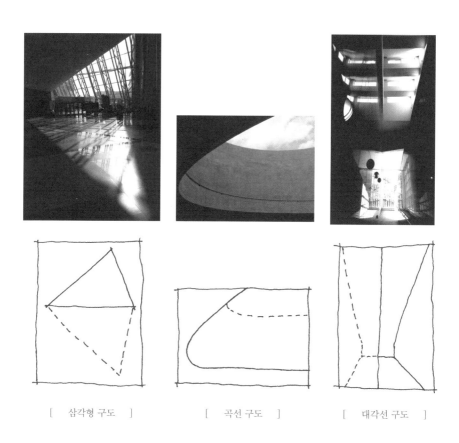

[삼각형 구도   ]   [곡선 구도   ]   [대각선 구도   ]

과 함께 위아래로의 리드미컬함을 느끼게 한다. 평형선 구도는 좌우로 단정한 넓이를 표현하며, 대칭적인 구도는 정적이고 안정된 분위기를 느끼게 함과 동시에 장중한 인상을 준다.

구성의 주요 요소

건축 사진은 작은 평면적인 인화지에 거대한 입체적인 건축물을 미학적으로 표현하는 것이다. 건축물의 외관뿐 아니라 인테리어 및 디테일 사진도 포함된다.

　건축 사진에서 구성의 세 가지 주요한 요소는 구조structure, 역동감dynamics, 원근감perspective이다. 구조는 사진 프레임 내부에 위치한 대상들의 영역을 조화롭게 배치하는 것이다. 평면에서 역동감 있는 이미지를 나타내려면, 촬영하고자 하는 대상을 과장된 각도로 배치하여 시각적 효과를 높여주면 된다. 원근감은 2차원적인 표면에 거리감을 만들어내는 것으로, 대상의 거리나 크기를 구별하게 만든다. 건축 사진은 구조, 역동감, 원근감의 조화를 통화여 다양한 구성을 표현해야 한다. 다양한 이미지의 바탕이 되는 건축 사진의 기본적인 구성 원리를 이해하면, 이를 건축 스케치에서도 활용할 수 있다.

① 구조

대칭성

[재료의 표현과 함께 대칭성을 강조하고 있다.]

가장 단순한 구성 형태는 세로축을 중심으로 상반되는 대칭 구조이다. 건물의 대칭이 사진의 대칭과 일직선을 이루면 사진에 역동감이 생긴다. 물론 건축물이 형태상 좌우 대칭이라고 사진도 반드시 대칭 형태로 찍을 필요는 없다.

건축물이 완벽한 대칭 구조를 이루지 않는 한, 대칭 형태는 개성이 부족한 단조로운 구성이 된다. 따라서 대칭을 이루는 건축물의 외관을 촬영할 경우, 단순한 구성에서 벗어나기 위해 입면의 디테일이나 재료가 지닌 고유의 특징을 함께 표현해야 한다. 비대칭 계단이나 가구를 활용해 이미지를 강조하거나, 건물의 측면과 깊이감을 드러내서 역동성과 함께 대칭 구조를 효과적으로 보여주는 방법도 있다.

삼분법

삼분법은 화면을 3개의 면으로 분할하여 대상을 배치하는 구성
방법이다. 정확한 대칭을 이루는 구성보다는 프레임 중앙으로부
터 1/3과 2/3되는 지점을 분할하는 것이 보다 흥미롭다. 프레임

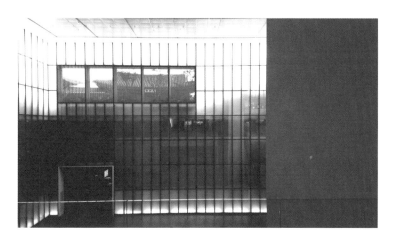

[삼분법을 통해 사진을 안정적으로 구성할 수 있다.]

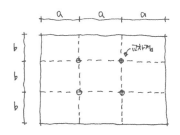

[삼분할 원칙. 선들이 교차하는 지점에 대상의
중요한 모서리나 피사체를 배치한다.]

을 가로 및 세로축을 중심으로 대칭 분할하여 동일한 크기를 가진 네 개의 사각형을 만들거나, 가로 및 세로로 1/3씩 분할하여 다양한 크기의 사각형을 가진 구성을 만들어낼 수도 있다. 1/3로 분할된 가로 및 세로선이 교차하는 지점에 대상을 배치하면 안정적인 이미지가 구성된다. 이러한 삼분법은 실외, 실내, 디테일 사진에 적용된다.

실외 촬영일 경우 스카이라인이나 도로선은 수평으로 1/3선에 배치하고 건물의 가장자리는 수직으로 1/3선에 배치한다. 일반적인 실내 촬영일 경우 원근감에 따라 1/3로 분할하고, 구분된 가로 및 세로선이 교차하는 중앙에 시선을 집중시킨다. 삼분법을 엄격하게 적용할 필요는 없다. 그러나 적절한 이해를 바탕으로 삼분법을 창조적으로 활용하면 자신만의 개성 넘치는 건축 사진을 얻을 수 있다.

② 역동감

건축물의 디테일한 모습을 촬영할 때 역동적인 효과를 연출하려면 카메라 각도를 45도로 조절하면 된다. 건물의 모서리나 가로등, 나무 등을 45도 각도로 배치하면 평형감각이 상실되어 긴장감을 높여준다.

또한 사진 프레임 가장자리에 평행하지 않은 선을 배치해서 수

평과 수직에 대한 균형감각에 혼란을 일으키는 방법도 있다. 가로선은 수평적인 안정감을, 세로선은 수직적인 안정감을 나타낸다. 사선이나 곡선과 같은 역동적인 선들은 불안정한 효과를 만들어내기도 하지만, 단조로운 이미지에 생동감을 불어넣기도 한다. 건축 사진을 촬영할 때는 높은 시점이나 반대로 낮은 시점을 사용하여 역동감을 강조할 수도 있다.

[역동적인 선을 통하여 긴장감을 준다.]

③ 원근감

건축 사진에서 대각선 구도는 2차원적인 평면에 원근감을 만들어 내는 데 사용된다. 소멸점vanishing point을 따라 선을 수렴시키면, 거리가 멀어질수록 대상이 작게 보인다. 선에 의한 원근감은 입체적인 건축물을 2차원에 표현할 때 중요한 역할을 한다. 건축 사진에 선에 의한 원근법을 도입할 때는, 단순한 건물의 정면도뿐 아니라

대각선 구도를 통하여
원근감을 표현한다.

구조까지도 고려해야 한다. 건물의 정면도를 촬영할 경우에도 측면을 사선으로 포함시킬 수 있는데, 삼분법에 따라 프레임을 분할한 뒤 건물 정면(2/3영역)과 측면(1/3영역)을 배치하면 원근감이 살아난다. 그러나 높은 지대에 건축물이 배치되어 있을 경우에는 이러한 원근법을 도입하기가 어렵다. 전경에 언덕을 포함시켜 건물을 포착할 경우에는, 건축물의 입체감을 나타내는 원근감이 감소할 수 있다.

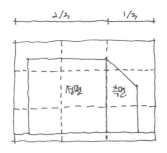

사진의 2/3 영역에 건물 정면을,
1/3 영역에 건물 측면을 배치하면
사진에서 건물의 원근감이 살아난다.

효과적으로 건축 사진 찍는 법

도시를 걷다가 우연히 자신의 마음을 사로잡는 건축물을 발견한 경우가 아니라면, 건축 사진은 촬영하기에 앞서 미리 계획을 세운 뒤 적정한 시간대에 촬영하는 것이 좋다. 사전에 건물의 위치와 도면(위치도, 평면도, 입면도, 단면도 등)을 검토하면 더욱 좋다. 이를 바탕으로 건물의 외관을 촬영하는 데 필요한 최적의 시간대를 파악할 수 있다. 나아가 촬영 전에 가벼운 마음으로 현장을 답사해보는 것도 좋은 방법이다.

사진 촬영에 앞서 가장 중요하게 확인해둘 사항은 날씨에 대한 예측이지만, 삼각대, 카메라 플래시 같은 장비나 여분의 배터리 등의 준비물들도 종종 간과되므로 미리 잘 챙겨두도록 하자.

날씨가 화창하고 태양의 각도가 적절하다면, 즉시 카메라를 준비해서 몇 장면을 촬영해보자. 건축 사진은 신중하게 촬영하는 것이 좋지만, 최적의 시점과 완벽한 햇빛을 마냥 기다리다 보면 상황이 나빠질 수도 있다. 갑자기 맑고 투명한 하늘에 구름이 덮이거나 건물에 대형 화물차나 광고 게시판의 그림자가 드리워지면 시간을 허비하게 된다. 만약 날씨 상황이 좋지 않으면, 실내 사진부터 먼저 촬영하는 것도 좋다.

하지만 여행 중에, 혹은 우연히 돌아다니다 찾아간 건물의 건축 사진을 찍을 때 더욱 개성 있는 사진을 찍게 될 확률이 높다. 자신의 관점과 시각이 있다면 계획은 중요하지 않다.

기본적인 확인 사항

건축물을 촬영하고자 할 때 몇 가지 기본으로 알아두면 좋은 확인 사항이 있다.

건축물은 평면이 아닌 입체로 구성되어 있어 전체를 한 번에 보기 힘들기 때문에 사진이라는 매체를 가지고 표현하기가 매우 제한적이다. 따라서 한 장의 사진을 통해 그 건물의 모든 것을 보여주어야 하는 건축 사진에서는 건물의 전후좌우를 관찰한 후 최대한 입체적으로 촬영할 필요가 있다. 이때 투시도나 조감도 등을 미리 봐두는 것이 큰 도움이 된다.

주변이 평지여서 올라갈 만한 높은 산이나 건물이 없을 경우 전경 사진을 찍기 어렵기 때문에 촬영에 앞서 주변 상황들을 점검해보는 것은 중요하다. 일반적으로 건물 외부는 좋은 날씨에 좋은 빛과 그림자만 있으면 훌륭한 사진을 찍을 수 있다. 그러나 내부 공간은 설계자에 따라 조명 설치에 차이가 있기 때문에 촬영 전에 이를 체크해야 한다.

사진은 빛이 있으면 찍힌다. 하지만 자연광이라는 좋은 여건을 지닌 실외와 달리, 실내 공간은 인공조명 즉 형광등이나 텅스텐용 조명기구들로 구성되는 경우가 많아 사전에 확인이 필요하다. 인공조명인 형광등이나 백열등 아래에서는 디지털 카메라를 사용하면 색 보정을 쉽게 해결할 수 있다.

적절한 시점 파악

사진을 촬영하기 전 건축물을 보는 각도를 선택한 후, 건물의 장점을 강조할 수 있는 최적의 촬영 위치를 결정해야 한다. 전통적인 건축물일 경우 일반적이거나 약한 원근을 사용하는 반면에 현대적인 건축물일 경우에는 강한 원근을 나타내는 것이 효과적이다.

촬영 공간이 제한되어 있으면 건물의 상하좌우 또는 근접하거나 먼 거리로 이동하여 최적의 시점을 찾는다. 건물의 전경과 배경이 미학적인 조화를 이루는 시점을 선택하는 것이 좋다. 완벽하게 대칭을 이루는 장면을 포착하지 못할 경우에는 삼분법에 따라 이미지 요소들을 비대칭으로 구성할 수 있는 시점을 사용하도록 한다.

[　　나만의 개성 있는 시점을 파악해야 한다.　　]

적절한 노출 계산

카메라의 노출을 적절히 계산하기 위해서는 조리개 및 셔터 속도, 렌즈의 성능, 피사계 심도, 이미지의 흔들림 등을 고려해야 한다. 또 빛의 양과 빛의 속도를 알맞게 조절해야 한다. 조리개는 심도 (초점이 선명하게 포착되는 영역)와, 셔터 속도는 흔들림과 관계가 있다. 셔터를 장전한 후, 조리개와 셔터 속도를 설정하여 자신이 원하는 노출을 맞춘다. 다양한 노출은 사진에 색다른 느낌을 부여해 준다.

셔터 속도란 무엇일까?

셔터막이 열렸다가 닫히는 시간을 이야기한다. 셔터 속도를 바꾸면 빛의 양을 조절할 수 있으며, 이를 활용해 움직이는 물체를 다양하게 표현할 수 있다. 셔터 속도가 빠르면 들어오는 빛의 양이 적으며 빠르게 움직이는 것을 정지한 것처럼 표현할 수 있다. 셔터 속도가 느리면 들어오는 빛의 양이 많으며 빠른 움직임도 생동감 있게 포착할 수 있다.

조리개는 어떤 역할을 할까?

빛이 들어오는 구멍의 크기를 조절하여 빛의 노출량을 결정한다.

[다양한 노출은 사진에 색다른 느낌을 부여해준다.   ]

조리개로 빛을 조절하면 사진의 밝기도 달라진다. 사진을 밝게 찍고 싶다면 조리갯값을 낮추고, 사진을 어둡게 찍고 싶다면 조리갯값을 높이면 된다. 조리개는 사진의 심도를 결정하는 역할도 한다. 이를 피사계 심도라고 한다. 심도가 낮으면 초점이 앞부분에 있어 배경은 흐려지고, 심도가 높으면 초점이 뒤로 물러나 배경까지 뚜렷해진다. 조리개를 열면 심도가 낮아지고, 조리개를 닫으면 심도가 높아진다.

건축 사진을 찍을 때는 어떤 점을 고려해야 할까

건물의 외관은 화창한 날, 남쪽 방향에서 다양한 시점으로 촬영하는 것이 효과적이다. 그러나 대부분의 건물들에 이러한 원리를 적용하기는 어렵다. 북쪽으로 향한 고층 빌딩이나, 가로로 긴 구조의 낮은 건물들도 존재하기 때문이다. 또한 한정된 도시 공간 내에서는 주차된 자동차를 비롯한 여러 장애물들이 건물 촬영을 방해할 수 있다. 그러나 날씨와 상황이 열악하고 시간이 촉박하더라도 자신이 원하는 장면을 포착해 촬영할 수 있어야 한다.

흐리거나 눈·비가 내리는 날씨

아무리 날씨가 흐리고 어둡더라도, 비가 세차게 내리는 상황이라도 찍고자 하는 장면이 있을 수 있다. 열악한 날씨에도 나름의 독특한 분위기가 있기 때문이다. 잘만 활용하면 시선을 끄는 추상적인 사진을 찍는 일도 어렵지 않다.

    날이 흐린 경우에는 해 질 무렵 창문을 통해 투사되는 실내의 조명을 활용하여 건물을 촬영할 수 있다. 비가 내릴 경우에는 주제를 바꾸어 비를 강조하고 건축물이 배경이 되는 건축 사진을 표현

[열악한 날씨 상황도 잘만 활용하면 의도한 사진으로 담아낼 수 있다.   ]

할 수도 있으며, 비가 내린 뒤 비에 비친 건축물을 촬영할 수도 있다. 눈이 내린 날에는 지붕 위에 쌓인 하얀 눈을 강조하여 촬영해도 좋다. 한편 화창한 날씨에 촬영을 계획했다가 갑자기 날씨 상황이 좋지 않게 바뀌었을 때는 해 질 무렵 야간 촬영을 해도 좋다.

북쪽을 향한 건물

북쪽을 향한 건물의 정면에는 일출이나 일몰 무렵의 태양광이 투

제3회 부산 건축도시사진전 특선

[북쪽을 향한 건물을 촬영할 때는 일몰 무렵의 태양광을 활용할 수도 있다.   ]

사되기 쉽다. 여름철에는 태양이 북동쪽에서 떠올라 북서쪽으로 지기 때문에, 북동쪽이나 북서쪽을 향한 건물을 촬영할 경우에는 이른 아침이나 늦은 오후를 선택하는 것이 적절하다. 그러나 정확하게 북쪽을 향해 배치된 건물은 촬영하기가 쉽지 않다. 건물 정면에 태양광이 적절하게 투사되지 않기 때문이다. 따라서 다양한 시점을 활용하여 만족할 만한 사진을 찍는 것이 중요하다.

거리에서 북향 건물을 촬영할 때에는 맞은편 건물의 반사광을 활용하는 것이 좋다. 이러한 상황에서는 카메라를 효과적으로 배치하여 태양을 바라보고 직접 촬영하지 않도록 주의한다. 태양을 정면에서 촬영하면 역광으로 인하여 태양을 제외한 나머지 부분이 어둡게 나올 수 있고, 이때 주변부에 노출을 맞추면 태양 주변이 심하게 빛에 과다 노출될 수도 있다. 직사광이나 반사광을 사용할 수 없는 경우, 흐린 날에 확산된 광원을 최대한 활용하면 화창한 날에 비해 건물 그림자의 세세한 부분까지 강조할 수 있다. 흐린 날에는 콘트라스트는 감소되지만 태양광이 건물 정면을 고르게 비춘다.

효과적인 고층 건물 촬영

고층 건물을 촬영할 때 가장 효과적인 시점은 건물의 1/3 높이에

[왜곡 없이 고층 건물의 모습을 담아내기 위해서는 먼 거리에서 건물을 촬영한다.   ]

서 촬영하는 것이다. 1/3 높이에서 촬영하면 건물의 외관에 적당하고 자연스러운 원근이 만들어지며, 1/3 높이 이상에서 촬영하면 건물의 외관이 축소되어 보인다. 왜곡 없이 고층 건물을 촬영하기 위한 방법은 건물로부터 먼 거리로 이동하여 건물 크기를 축소시키는 것이다. 만약 뒤쪽으로 많이 이동할 수 없을 경우에는 광각렌즈(넓은 화각을 제공하므로 더 넓은 범위를 담을 수 있어서 건축, 인테리어, 풍경 사진 등에 유용하게 사용된다.)를 사용해보자. 동일한 시점에서 원근을 변화시키지 않고도 건물 크기를 축소시키는 효과를 얻을 수 있다.

고층 건물을 촬영하다 보면, 건물의 상단과 하단 사이의 밝기가 다르게 나타날 수 있다. 직사광선이 고층 건물을 완전히 비출 경우에는 문제가 되지 않지만, 상부에만 태양광이 투사될 경우에는 건물 하부에 짙은 그림자가 만들어진다. 이러한 문제는 태양의 고도가 낮은 겨울철에 특히 심각하다. 이런 경우에는 ND필터(렌즈에 유입되는 빛의 양을 줄여주는 필터)를 건물 하단의 그림자 영역에 사용하여 촬영하면 상단과 하단의 밝기 차를 최대한 감소시킬 수 있다.

한정된 도시 공간에서 고층 건물 사진을 찍을 만한 적절한 시점을 발견하기 어려울 경우에는, 그와 비슷한 주변의 높은 건축물에 올라가서 촬영하도록 한다.

가로로 길고 낮은 구조의 건물

가로로 길고 낮은 건물을 촬영할 때는 다음과 같은 기본적인 3가지 방법을 사용할 수 있다. 첫째, 풍경을 포함시켜 촬영한다. 둘째, 광각렌즈를 사용하여 사선 각도로 클로즈업하며 역동적인 구조를 만들어낸다. 셋째, 높은 시점에서 건물을 내려다보며 촬영하여 흥미로운 효과를 준다. 이 방법들은 함께 사용될 때도 많다.

　먼 거리에서 길고 낮은 건물을 촬영할 때 주변 풍경을 활용하면 흥미롭고 역동적인 이미지를 만들어낼 수 있다. 이때 광각렌즈를 사용하여 건물 전면을 촬영하면, 수평선에 배치된 건물의 전체 모습을 효과적으로 포착할 수 있다. 푸른 하늘로 사진의 1/3을 채우고, 나머지 공간에는 전경을 포착하여 건물에 많은 비중을 둔 사진을 연출할 수 있다. 아니면 건물을 수평선 아래쪽에 배치하여 푸른 하늘을 강조한 극적인 이미지를 연출해도 좋다.

[　　　가로로 긴 구조의 낮은 건물은 파노라마를 이용해 촬영할 수도 있다.　　　]

약간 높은 시점에서 건물의 지붕을 넓게 포함시켜 입체적인 형태를 더욱 강조해 촬영하면, 보는 사람들이 건물의 전체적인 입체감을 이해하는 데도 도움이 된다.

좁은 거리, 한정된 공간에서의 촬영

도시 내에서도 특히 좁은 골목길에서 촬영할 경우, 주변 건물에 의해 시점이 제한될 때가 많다. 이때 좁은 거리에 배치된 건물을 사선의 시선으로 포착해보자. 긴장감 있는 구도로 지붕, 창문, 벽 등의 건물 요소들이 또 하나의 방향성을 가지며 투시도와는 다른 건물의 색다른 모습을 발견할 수 있다.

한정된 공간에서 건축 사진을 찍을 때는 최대한 먼 거리에서 원근을 더욱 과장되게 표현하거나 찍는 시점의 위치를 본인의 골반 위치보다 낮은 곳에 두고 찍어보자. 자신이 보지 못한 공간의 느낌을 살릴 수 있다.

[좁은 골목에서 한정된 공간을 사선의 시선으로 포착해보자.   ]

[전통 건축은 노출을 맞춰 촬영하는 것이 중요하다.]

전통 건축의 표현

절, 궁, 주택 등의 전통 건축은 몇 개의 건물에 의해 공간이 만들어
지고 처마선과 같은 독특한 고유의 구조물을 가진다는 특징이 있
다. 이러한 전통 건축을 촬영할 때는 유의해야 할 점이 있는데, 바
로 처마의 그림자는 어떤 방식으로 처리하느냐 하는 것이다. 촬영
시 처마 밑과 같이 어두운 곳에 노출을 맞추면 밝은 곳은 더욱 밝
아진다. 반대로 밝은 곳에 노출을 맞추면 어두운 곳이 더욱 어두
워져 처마 밑이 아예 보이지 않게 된다. 작은 건물이라면 인공의
광선을 사용할 수 있겠지만, 큰 건물에는 그러기가 어렵다. 따라
서 태양 광선이 약하고 얇은 구름이 있는 날이나 이른 아침, 오후
늦은 시간을 선택하여 촬영하면 비교적 좋은 건축 사진을 찍을 수
있다.

실내 공간 촬영

실외 건축 사진은 대지 위의 하나의 건축물을 보여주지만, 실내
건축 사진은 구조물에 둘러싸인 공간과 형태, 연속된 공간 등을
보여준다. 건물의 내부, 예를 들면 창에서 들어오는 태양 광선을

실내에서 밖을 바라보고 사진을 찍으면 개성 있는 사진을 얻을 수 있다.

주광선으로 하여 실내를 촬영할 경우에 창이 작으면 그다지 신경을 쓰지 않아도 되겠지만, 창이 클 때에는 빛의 영향이 크기 때문에 주의하여야 한다. 이 영향은 창이 남향인가 북향인가, 날씨가 맑은가 흐린가에 따라서도 달라진다. 햇빛이 닿는 부분과 닿지 않는 부분의 콘트라스트가 극명한 대비를 이루지 않도록 실내의 밝기와 창의 밝기를 조절해야 한다. 이러한 경우에는 커튼을 친다든지, 블라인드의 각도를 조절한다든지 하여 외부광선을 차단하는 방법이 있다. 또한 태양 광선이 약한 이른 아침과 저녁, 혹은 비나 구름이 있는 날을 선택하여 촬영하는 것도 좋은 방법이다.

어두운 실내의 촬영은 빛이 들어오는 정도에 따라서 이미지가 변화한다. 따라서 태양 광선이 들어오는 시간대를 파악해두었다가 실내가 밝아질 때 촬영해야 한다. 콘트라스트의 강약 조절이 중요하므로 빛이 비치는 부분과 비치지 않는 부분의 구성을 고려하여 카메라 각도를 조절해야 한다. 또한 창을 통해 들어오는 빛의 흐름을 따라가다 보면 자신이 생각지도 못했던 이미지를 포착할 수도 있다.

야간 촬영

건물의 야경 사진은 외관과 실내가 혼합된 건물의 이미지를 뚜렷하게 보여주는 동시에, 실내조명을 활용하여 건물 구조를 생동감 있게 표현할 수 있다는 장점이 있다. 짙고 푸른 하늘과 실내의 따뜻한 오렌지빛 텅스텐 조명을 조화시키면 차가운 야경으로부터 실내에 시선을 집중시킬 수 있다.

건축물의 야간 촬영은 일출이나 일몰 무렵 20-30분 사이에 진행하는 것이 좋다. 이러한 시간대에 촬영하면 육안으로 관찰할 때

보다 높은 콘트라스트가 반영되는 것을 예방할 수 있다. 또한 건물의 구조와 디테일을 적절하게 표현할 수 있을 뿐 아니라 푸른 하늘에 남아 있는 밝은 톤을 활용하여 건물의 아웃라인을 실루엣 처리할 수도 있다. 흐린 날이라고 해도 해 질 무렵의 하늘은 항상 짙은 푸른색의 음영을 띠고 있어, 효과적으로 야간 촬영을 할 수 있다. 해가 동쪽에서 서쪽으로 지기 때문에 일출이나 일몰 무렵의 하늘은 밝은 빛을 띤다. 건물의 방향과 촬영 각도에 따라 적절한

[야간 촬영은 실내조명이 비치는 일몰 무렵이 좋다.   ]

시간대를 선택하도록 한다.

　건물 바로 뒤편으로 해가 질 경우에는 하늘의 밝기 때문에 건물의 야경 효과가 감소될 수도 있다. 일반적으로 창가에 실내조명이 비치는 일몰 무렵이 일출 무렵보다 촬영하기가 좋다. 일출이나 일몰 무렵은 지속 시간이 길지 않기 때문에 촬영 시간을 미리 여유 있게 잡아두어야 한다.

도시 사진

한눈에 보이는 전체의 경치를 잘 담아내면서도 도시의 분위기나 건물의 특징 등을 잘 표현해낸 사진을 도시 사진이라 한다. 그런데 도시가 과밀해지고 끊임없이 개발이 진행되면서, 멋진 도시 사진을 찍을 만한 장소를 찾는 일이 쉽지 않아졌다. 도시 사진은 촬영 장소에 따라 전체적인 구도에 많은 영향을 받기 때문이다. 그래서 도시 사진의 경우에는 광각렌즈를 사용하는 일이 많아지고 있다. 중요한 점은 적절한 장소를 선택함으로써 되도록 도시와 건물을 자연스러운 모습으로 찍어야 한다는 것이다.

　도시 사진을 찍을 때 역사와 지리, 장소와 주위 환경 그리고 건물의 용도와의 관련성 등의 기본 자료를 미리 살펴보는 것은 큰 도움이 된다. 건물과 주변 환경의 조화가 건축 사진에 있어 얼마나 중요한가를 알 수 있기 때문이다.

하지만 도시 사진 한 장으로 하나의 건물을 혹은 도시 전체의 개성을 이야기할 수는 없다. 그래서 표현하고자 하는 생각을 명확히 포착하여 원경의 외관이나 휴먼 스케일에서 전경으로, 그리고 낮에서 밤으로 등 각 부분의 촬영을 추가로 할 수밖에 없다. 이때 디테일 속에 숨겨진 건축가의 의도 또는 기술자의 훌륭한 기술 등을 클로즈업해 촬영해보는 것도 중요하다.

[도시를 바라본 전경 사진   ]

건축 사진으로
일상 바라보기

우리는 항상 건축 공간 속에 놓여 있다. 아침에 일어나서도, 회사에 가도, 학교에 등교해도, 가까운 카페에 가도 건축 공간이 함께한다. 우리의 일상 속에서 건축은 가장 가까운 자기표현 수단이다. 사람마다 각자의 개성이 있듯이 똑같은 건축은 어디에도 없다. 그 안에 새로움이 존재한다. 건축 사진을 찍다 보면 무심히 지나가던 거리의 건물을 살펴보게 되고, 세심히 관찰하면서 이전엔 보이지 않던 일상의 드라마를 목격하게 된다. 건축 사진으로 일상을 바라보는 행위는 삶의 다른 이름이 된다.

하루하루 일기처럼 찍은 건축 사진은 세상과 소통하며 지금까

[건축물이 아닌 그림자만을 포착하여 자신의 의도를 표현할 수 있다.]

[건축 공간을 관찰하여 보이지 않는 공간을 발견해야 한다.   ]

지는 알지 못했던 자신을 발견하게 해준다. 자신도 모르는 사이에 관점과 시각을 가지고 셔터를 누른다. 빛을 기다리고, 공간을 기다리고, 사람을 기다려야 한다. 하루아침에 이루어지는 일은 없다. 건축 사진은 '시간과의 싸움'이다.

자신이 촬영하고자 하는 건물에서는 적어도 반나절 아니 하루 동안은 건물을 몸으로, 눈으로, 귀로, 손으로 관찰하는 시간이 필요하다. 긴 호흡을 통하여 자신만의 건축 사진을 찍어보자. 마지막으로 기억해야 할 점은 당신의 관점과 시각으로 사각형의 틀 안에 담은 사진은 바로 당신만의 사진이라는 사실이다.

[흔들린 사진도 때로는 자신의 관점과 시각을 표현하기 위해 필요하다.   ]

[좋은 건축 사진에는 자신만의 관점과 시각이 담겨 있어야 한다.   ]

3장

건축 스케치,
나만의 틀에 도시의 풍경을 담다

건축 스케치는
도시와 건축을 바라보는
나만의 시각언어다

자기 이름 쓰기를 처음 배웠을 때를 생각해보자. 얼마 동안의 시간과 연습이 필요했을 것이며, 뒤집힌 글자와 불안한 선들 때문에 첫 번째 시도는 아마 조금 우스워보였을 것이다. 하지만 어쨌든 그건 당신 이름이었고, 그리고 결국은 그 기술을 자연스럽게 익혔다. 여러분들이 만들어놓은 선은 자신이 아니면 누구도 흉내낼 수 없는 풍부하고 복잡한 정보를 담고 있다. 선에 성격이 생긴 것이다.

건축 스케치도 똑같다. 처음에는 자신의 스케치가 우습게 보일지도 모르지만 시간을 들여 연습하면 원하는 대로 그릴 수 있게

[　　건축 스케치는 자신을 표현하는 또 하나의 방법이다.　　]

된다. 시간과 노력을 들이는 만큼의 가치가 있다. 건축 스케치는 건축물을 둘러싸고 나눌 수 있는 훌륭한 대화법이자 자신만의 독특한 사고방식을 표현하고 이해하도록 도와주는 효과적인 수단이다. 건축 스케치를 그릴 때 정말 필요한 것은 종이와 연필, 볼펜 등의 도구가 전부이다. 우선은 손을 쉬게 하고 생각을 하자.

[스케치를 시작하면 끝까지 완성해야 한다.   ]

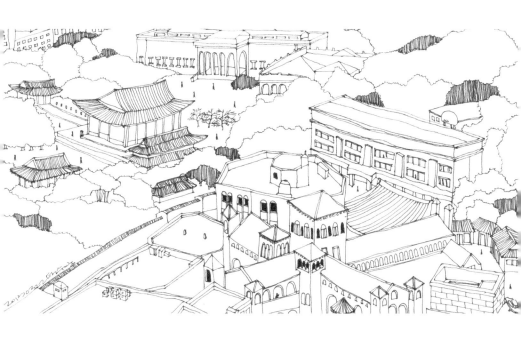

손이 충분히 쉬었다면 펜을 들고 하나의 점부터 그려본다. 점이 선이 되고 선이 모여 건축 스케치가 된다. 그리기 시작한 초반에는 자신이 그린 건축 스케치가 어딘지 모르게 어색하고 잘못되었다고 생각한다. 그래서 완성을 하지 못하는 경우가 많다. 하지만 선이 꼭 직선일 필요는 없다. 사람마다 성격이 각양각색이듯 선 또한 다양하다. 흔들릴 수도 삐뚤어질 수도 있다. 그것이 곧 자신의 개성이다. 괜히 지우고 다시 그리는 것을 반복하다 보면 자신감만 떨어진다. 일단 선을 그리기 시작했으면 건축 스케치를 완성해보자.

이상적인 건축물과 그 건축물을 한층 더 돋보이게 해줄 멋진 구도를 발견해 스케치에 담아내기란 쉽지 않다. 특히 실외에서의 스케치 작업은 수많은 변수를 예상해야 한다. 실내 작업과 달리 변화무쌍한 날씨, 편안하게 스케치를 할 수 있는 장소의 선택은 물론, 사람들의 시선까지 고려해야 하기 때문이다. 의욕만 앞선 사람들이 야외에 나갔다가 빈 스케치북으로 돌아오고, 몇 번 시도하다가 그냥 포기해버리는 이유는 예측하기 힘든 환경에 대한 준비와 야외 스케치 노하우가 부족했기 때문이다. 그래서 스케치를 처음 하는 사람들은 일찌감치 야외 작업을 포기하고 실내에서 스케치를 하거나 좋은 사진을 선택해서 보고 그대로 따라 그리는 경우가 많다.

쉬운 것부터 차근차근 연습해나가다 보면 야외 스케치에도 적응이 될 것이다. 그러기 위해서 먼저 사람들의 시선이 드문 실내에서 그리는 것부터 시작해보자. 실내 풍경을 그려보고 다음은 창밖으로 보이는 풍경을 그려본다. 창문틀을 그림의 프레임이라고 생각하고 그 안에 담긴 풍경을 대상으로 인식하여 스케치를 해보자. 이 작업이 어느 정도 익숙해지고 마음의 준비가 됐다면 밖으로 나가 자신의 관점과 시각을 건축 스케치로 표현해본다. 이제 한발 한발 건축 스케치에 다가가보자.

건축 스케치는 대상을 이미지화하여 스케치할 뿐 아니라 상상하는 것을 표현하는 시각언어이다. 따라서 건축 스케치는 두 가지로 구분될 수 있다. 하나는 시각언어로서의 건축 스케치이며, 다른 하나는 건축물을 위한 건축 스케치이다.

시각언어로서의 건축 스케치가 조금 더 자유로운 아이디어의 표현이자 이미지에 의미를 담아낸 창작물이라면, 건축물을 위한 건축 스케치는 건축이라는 전반적 작업에 있어 꼭 필요한 기본 과정으로 건축물 자체의 심미성과 기술성을 표현하는 데 조금 더 초점을 맞춘다. 건축 설계나 인테리어를 하는 사람들에게는 이 두 가지 작업 모두가 큰 도움이 될 것이다. 자신이 구상하는 것을 손으로 표현해내는 연습은 공간을 디자인하는 이들에게 매우 중요하다.

건축 스케치의 가장 중요한 목적은 건축을 둘러싼 자기의 관점과 시각을 끌어내 이를 발전시키는 것이다. 또한 자기 생각을 표현함으로써 다른 사람에게 나의 의도를 전달하는 커뮤니케이션의 목적도 있다.

모두에게는 각자 저마다의 적합한 건축 스케치 방식이 있다. 노트에 무언가를 끄적일 때 자신의 손에 잘 맞는 펜이 있듯이 즐거운 마음으로 마음껏 건축 스케치를 구사할 방식이 다르기 마련이다. 나만의 스케치 방식을 확립하기 위해 가장 먼저 해야 할 일은 먼저 자신에게 알맞은 도구를 찾는 것이다. 이때 나타내고자 하는 목적에 적합한 도구를 사용할 줄 알아야 한다. 스케치 대상에 따라 다른 굵기의 펜이 요구되기도 하고, 연필이나 만년필이 필요할 때도 있다.

그리고자 하는 건물의 종류가 달라지면 그에 따라 표현법도 달라진다. 머릿속에 떠오르는 아이디어를 잡아내고 표현할 수 있도록 주변의 재료를 적절히 사용하는 연습을 해보자. 예를 들어 종이 위에는 연필이나 만년필로 스케치를 하는 것이 좋으나, 유리나 금속 등에 스케치를 구현할 경우는 연필보다는 매직을 사용하는 것이 자신이 표현하고자 하는 느낌을 잘 전달할 수 있다. 이처럼 그리는 도구와 그림이 표현될 도구를 함께 고려해야 한다. 건축 스케치 재료에는 연필, 매직, 사인펜, 잉크, 볼펜, 색연필, 붓, 파

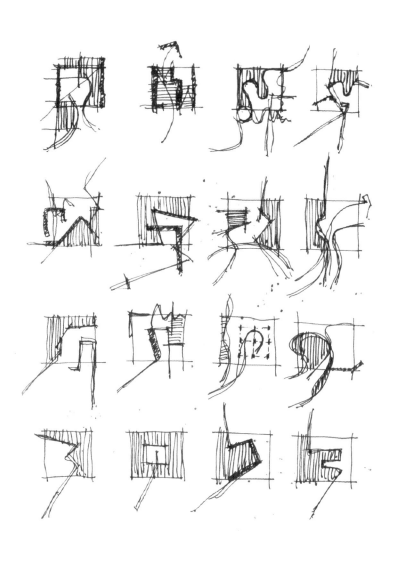

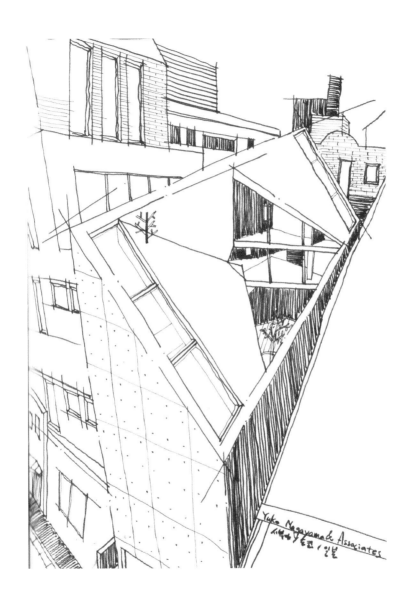

Yuko Nagayama & Associates
서울 / 도쿄 / 일본

[　　　건축물을 위한 건축 스케치　　　]

스텔, 마커 그리고 만년필 등 수많은 도구가 있다. 각 도구에 따라 선의 종류도, 표현되어질 종이의 종류도 다양하게 조절해보자.

건축 스케치를 할 때는 시간을 기록해보는 것도 좋다. 일기에 시간을 쓰듯이 건축 스케치에도 시간을 기록하면 생각과 표현의 발전을 볼 수 있는 계기가 된다. 스케치할 때 내가 어떠한 생각을 했으며 어떤 단서를 통해서 어떻게 발전시켜 나갔는지를 알 수 있다. 건축 스케치의 대상은 카페에 앉아 친구나 애인을 기다릴 때, 언덕 위에서 발아래 펼쳐진 도시 풍경을 내려다볼 때 주변의 그 어떤 것도 될 수 있다. 건축 스케치를 통해서 자신의 생각을 정직하게 표현하는 방법을 배워나갈 수 있을 것이다. 항상 종이와 연필을 가지고 다니는 습관을 가져보자. 아이디어가 떠오르거나 매혹적인 건축물을 보았을 때 언제든 스케치하고 기록할 수 있도록 말이다.

[당신의 선은 항상 당신의 선이다.]

손으로 느끼고,
펜으로 그리다

건축 스케치는 자주 하는 습관을 들여야 한다. 그러기 위해 가장 먼저 해야 할 일은 손안에 들어오는 작은 스케치북과 가벼운 연필 한 자루를 준비하는 것이다. 그리고 휴대폰을 챙기듯 항상 가지고 다니면서 주변에서 눈에 띄는 대상을 자주 그려봐야 한다. 매일 그리는 습관을 들이면 당신의 손과 마음은 건축 스케치에 필요한 최소한의 준비를 마친 셈이다. 선과 선이 만나 형태를 이루고, 그 형태의 조합이 만들어내는 미묘한 차이에 따라 스케치는 변한다. 따라서 선은 그리는 사람의 개성을 나타낸다. 가늘고 약한 선은 꼼꼼하고 부드러운 이미지의 건축 스케치를 만들고, 굵고 거

[스케치북을 펼치고 연습을 하자.   ]

친 선은 경쾌하고 시원시원한 분위기를 그려낸다. 자신만의 개성이 담긴 건축 스케치를 가능하게 하려면 우선 자신의 취향에 맞는 선 연습을 해야 한다. 시간을 따로 낼 필요는 없다. 손이 쉬고 있을 때 스케치북을 펼치고 가로, 세로 선을 그리는 연습부터 해보자.

건축물을 표현하는 방법들

다양한 표현 시스템

건축물을 표현하는 데 가장 중요한 문제는 3차원적인 형태와 공간을 어떻게 2차원의 종이에 옮겨내는가 하는 점이다. 건축물은 다양한 표현 방식을 통해 시각화된다. 표현 방식은 건축물의 형태와 디자인 의도, 전달해야 하는 내용에 따라 다르게 선택되며 여기에는 정투영법, 엑소노메트릭, 사투상법, 투시도법 등이 있다.

건축 스케치에서 제일 많이 사용하는 방법은 투시도법이다. 투시도는 공간 속에 있는 건축물이 2차원 속에서 멀어져가는 모습을 그려 원근감이나 입체감을 표현하는 것으로, 실제 3차원에 존재하는 건축물을 가상의 3차원적 공간에 담아내 시각적 경험을 제공한다.

정투영법에 의한 건축도면

건축물은 스케치 혹은 자유로운 투시도, 그리고 투상도법으로 그려진 도면을 통하여 이해 가능하다. 다양한 표현의 방식들은 각각의 용도에 따라서 다르게 제작되며 요구되는 수준과 표현의 범위, 내용과 형식도 모두 다르다. 기본적인 건축도면은 건축물이 어떻게 대지에 놓여지는가를 보여주는 배치도, 건축물의 외부를 확인할 수 있는 지붕평면도와 입면도, 건축물의 내부를 확인할 수 있는 평면도와 단면도로 구성된다.

정투영도는 다중시점에 의한 건축물의 형태를 도면으로 작성

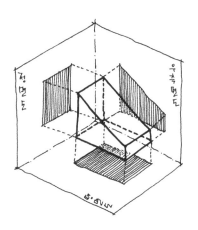

[정투영법에 의한 건축물 투영도   ]

한 것이다. 물체에 대한 시점이 2개 이상으로서 각각의 시점마다 건축물의 2차원적인 평면을 보여주는 방식이다. 그러므로 복잡한 건축물을 정투영하여 보여줄 경우 많은 정투영 도면이 필요하게 된다. 각각의 시점에 그려지는 2차원적인 평면은 2차원의 한계에 의하여 단지 길이와 폭 같은 2차원적 치수만을 보여준다. 따라서 3차원적 효과, 원근 효과, 왜곡 효과 등은 나타나지 않는다.

건축물의 3차원적 표현

건축물을 3차원적으로 표현한다는 것은 2차원적인 표현 요소에 높이 정보가 추가된 이미지를 제공하는 것이다. 이러한 표현은 일반적으로 계획의 단계에서 건축가가 디자인 수단으로 사용한다. 건축주와 관련 업무 종사자들에게 건축물의 특별한 이미지를 보여준다거나 특별한 경우에 상상하기 힘든 형태를 시각화하여 제시하는 데 사용된다. 3차원적인 이미지는 2차원적 도면을 발전시켜 그려낼 수 있다. 가장 손쉬운 표현은 임의적인 스케치이며 정확한 투상법에 따라 작성하는 것도 2차원적 도면을 작성하고 나서는 그다지 어려운 일이 아니다. 무엇보다도 3차원적 표현은 2차원적 건축도면보다 건축물의 형태와 공간의 파악이 쉽다는 장점이 있다.

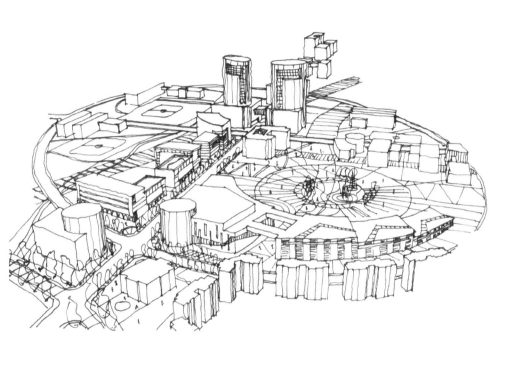

[건축물을 3차원적으로 표현하면 건축물의 형태와 공간을 파악하기 쉽다.   ]

간단히 그릴 수 있는 건축 스케치

격자 모양의 사각형 활용하기

옮겨 그릴 이미지 위에 격자 모양의 사각형을 그려 넣은 다음, 사각형 하나에 해당하는 모양을 한 번에 하나씩 다른 종이에 똑같이 옮긴다. 따라 그릴 그림의 사각형이 원래 그림의 사각형보다 더 크면, 완성된 그림도 그 비율에 따라 더 커진다. 이 방법은 간단하면서도 효율적이다. 격자 모양의 형태를 따라 어떤 것을 옮겨 그릴 때에는 세심하게, 정확히 따라 그려야 한다.

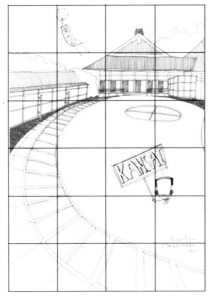 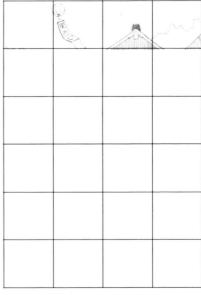

[그릴 대상물에 격자 모양의 사각형을 그린다.   ]   [사각형 하나씩에 해당하는 모양을 그린다.   ]

투사 활용하기

사진이나 그림을 다른 얇은 종이 밑에 받쳐놓고 그대로 그리는 투사透寫는 디자인의 구도를 결정하는 아주 좋은 방법이다. 이 방법을 사용하면 더 정확하고 깨끗하게 옮겨 그릴 수 있다. 대부분의 경우 투명한 종이로 옮겨 그리는 것이 종이 한 장을 가지고 쩔쩔매는 것보다 더 빠르다는 것을 알게 된다. 투사할 때에도 마음에 드는 부분은 옮겨 그리고 그렇지 않은 부분은 그리지 않는 등의 선택을 통하여 자신만의 개성을 드러낼 필요가 있다.

투명 필름지에 그리기

적당한 크기의 투명 필름지 한 장을 자신의 앞부분에 안전하게 고정시킨 후 필름지에 나타난 모든 대상을 사인펜으로 그리는 방법이다. 자신이 본 그대로를 옮겨 그리는 가장 좋은 방법 중 하나

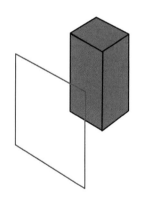

투명 필름지를 통해 보이는
대상을 그대로 옮겨 그린다.

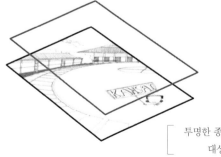

투명한 종이에 그리고자 하는
대상을 그려본다.

이다. 건축 스케치를 바로 그리기 어려운 사람들은 이 방법을 통하여 익숙하게 그릴 때까지 연습할 필요가 있다. 자연스럽게 투시도법과 원근법, 건축물의 디테일까지도 체득할 수 있는 방법이다.

건축 스케치를 그리는 데 필요한 원리들

건축 스케치는 대상의 정보를 풍부히 담고 있다는 특징이 있다. 그리고자 하는 대상과 다른 대상 사이의 유사성, 차이성 등도 묘사할 수 있다. 땅은 어떻게 놓여 있는지, 건물은 어디까지 솟아 있는지, 전봇대의 줄은 어떻게 이어져 있는지 등 사물에 초점을 맞춰 하나하나 살피다 보면, 어느덧 전체적인 공간의 모습이 그려진다.

크기와 깊이

첫 번째 원리 중 하나는 크기이다. 가까운 물체는 더 커 보이고 멀리 있는 물체는 더 작아 보인다. 크기를 알 수 있는 대상과 비교가 가능한 경우에만 크기는 깊이의 착시를 만들어낸다. 크기는 상대적이다. 우리는 다른 것과 비교해보아야만 어떤 것의 크기를 알 수 있다. 건축 스케치에서 비교의 대상이 없으면 크기와 깊이의 표현

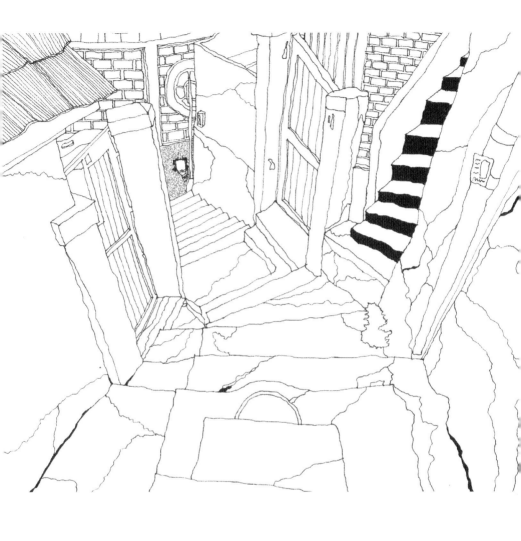

[멀리 있는 사람의 크기와 계단의 깊이를 통하여 건축물의 상대적인 크기를 살펴볼 수 있다.   ]

은 불가능하다.

디테일과 강조

스케치를 하는 사람에게 더 가까이 있는 사물의 디테일이 멀리 있는 사물보다 더 잘 보인다는 것을 기억해야 한다. 건축 스케치에서는 디테일한 표현을 여러 번 반복하면 패턴이 되고, 이는 곧 강조 효과로 이어진다.

주변의 건축물들을 보다 주의 깊게 관찰하며 세부적인 부분을 눈여겨보자. 이때 자신과 가까이 있는 어떤 부분을 선택해 그 부분의 디테일을 보다 자세히 그려놓으면, 스케치의 나머지 부분이 여백으로 인하여 더욱 아름답게 보인다.

반면 디테일 표현을 스케치 전체에 사용할 경우에는 오히려 단조로운 패턴을 이루게 되어 강조 효과가 사라진다. 건축 스케치에서는 특정한 부분에 집중적으로 많은 디테일을 넣을 때, 그 부분으로 시선을 끌어올 수가 있다. 반대로 건축 스케치에서 여러 부분을 디테일하게 묘사했다면, 디테일이 결여된 부분이 시선을 끈다.

겹치기와 시선

우리는 경험을 통해 각각의 사물이 비슷한 선상에 놓여 있을 때, 앞에 있는 물체가 뒤에 있는 물체의 일부를 가린 채 겹쳐져 있다

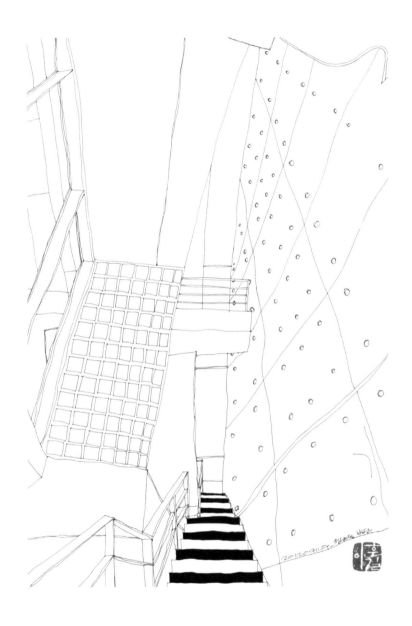

[디테일한 표현을 통해 특징을 강조한다.   ]

는 사실을 알고 있다.

이 같은 겹침 표현은 물체 간 깊이의 착시를 만들어냄으로써 어떤 대상물이 더 가까이 있고, 더 멀리 있는지를 말해준다. 예를 들어 한 물체가 다른 물체의 앞에 있는데도 그 두 물체의 크기가 똑같아 보인다면, 뒤에 있는 물체가 더 큰 것이다. 이처럼 겹치기는 사물의 상대적 위치와 크기를 알려준다. 건축물을 겹쳐 그림으로써 규모의 상대성도 보다 분명해진다.

거의 대부분의 건축 스케치는 착시를 만들어내는 겹치기에 의존해 구도와 방향감을 잡는다. 방향감이 있을수록 좋은 구도이며 좋은 건축 스케치이다. 무언가를 둘러싸고 있거나 어떤 것에 가려져 있는 건축물은 일반적으로 더 많은 시선과 흥미를 이끈다. 건축 스케치에서 겹침 표현은 보이지 않는 부분을 궁금하게 만드는 흥미유발 요소이다.

[겹치기를 통하여 방향성과 흥미유발을 만들어낸다.   ]

투시도법에 따른 건축 스케치

멀리서 건축물을 볼 때, 그 건축물들이 점점 작아져 결국에는 시야에서 사라지게 되는 지점이 있다. 예를 들면 일렬로 늘어서 있는 전신주나 철로 등이 있으며, 멀리 있는 부분일수록 점점 작아지다가 마침내 소멸점이 되어버린다. 건축 스케치에서는 원근감을 만들어낼 때 이 소멸점이 사용되며, 1소점 투시도, 2소점 투시도, 3소점 투시도로 구분된다.

1소점 투시도

한 개의 소실점과 그 위를 지나는 눈높이선을 이용한 것이 1소점 투시도이다. 사물을 정면에서 보았을 때 적용되며 보는 사람의 눈에 하나의 소실점이 생긴다. 집중감이 강하여 공간의 깊이감을 표현하는 데 적당하다. 가로수길 등 평행한 수직, 수평선을 그릴 때 많이 사용된다. 1소점 투시도는 가장 단순하기 때문에 처음 시작하는 투시도법 연습으로 적절하다.

2소점 투시도

소실점이 2개가 사용된 2소점 투시도는 주로 실외 스케치 또는 하나의 건축물을 그릴 때 사용된다. 직육면체를 놓고 보았을 때 시

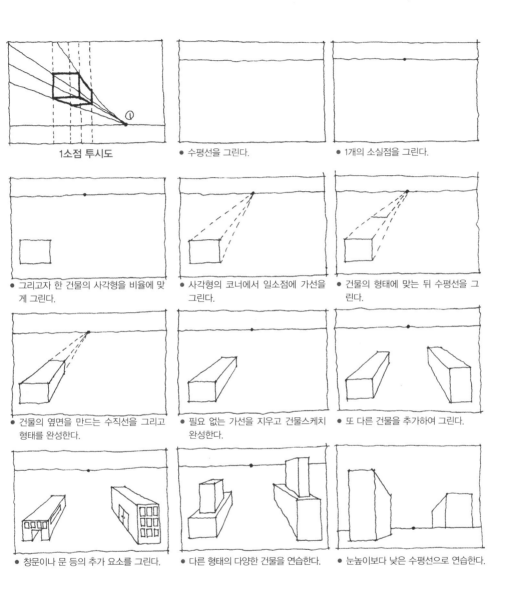

1소점 투시도

● 수평선을 그린다.

● 1개의 소실점을 그린다.

● 그리고자 한 건물의 사각형을 비율에 맞게 그린다.

● 사각형의 코너에서 일소점에 가선을 그린다.

● 건물의 형태에 맞는 뒤 수평선을 그린다.

● 건물의 옆면을 만드는 수직선을 그리고 형태를 완성한다.

● 필요 없는 가선을 지우고 건물스케치 완성한다.

● 또 다른 건물을 추가하여 그린다.

● 창문이나 문 등의 추가 요소를 그린다.

● 다른 형태의 다양한 건물을 연습한다.

● 눈높이보다 낮은 수평선으로 연습한다.

[　　　1소점 투시도 그리는 순서　　　]

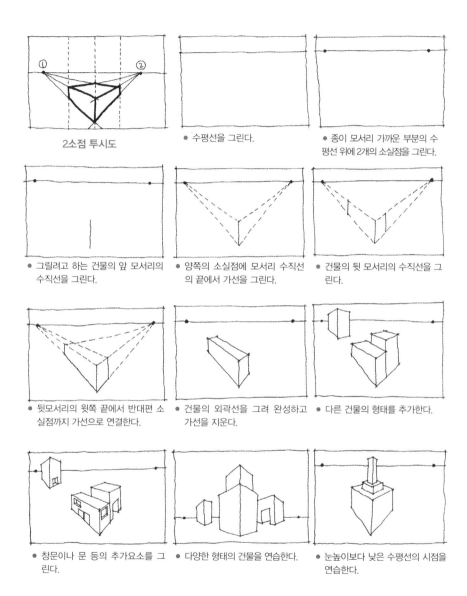

2소점 투시도

● 수평선을 그린다.

● 종이 모서리 가까운 부분의 수평선 위에 2개의 소실점을 그린다.

● 그릴려고 하는 건물의 앞 모서리의 수직선을 그린다.

● 양쪽의 소실점에 모서리 수직선의 끝에서 가선을 그린다.

● 건물의 뒷 모서리의 수직선을 그린다.

● 뒷모서리의 윗쪽 끝에서 반대편 소실점까지 가선으로 연결한다.

● 건물의 외곽선을 그려 완성하고 가선을 지운다.

● 다른 건물의 형태를 추가한다.

● 창문이나 문 등의 추가요소를 그린다.

● 다양한 형태의 건물을 연습한다.

● 눈높이보다 낮은 수평선의 시점을 연습한다.

[　　　2소점 투시도 그리는 순서　　　]

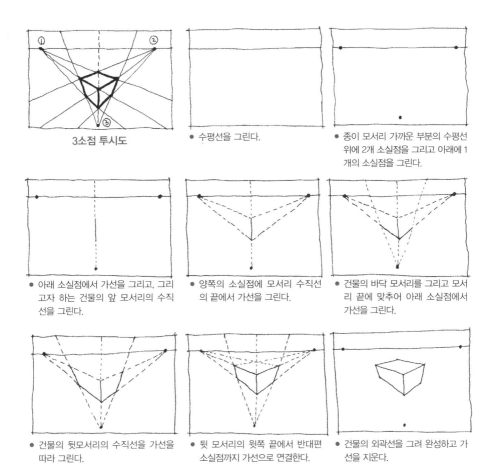

3소점 투시도

● 수평선을 그린다.

● 종이 모서리 가까운 부분의 수평선 위에 2개 소실점을 그리고 아래에 1 개의 소실점을 그린다.

● 아래 소실점에서 가선을 그리고, 그리 고자 하는 건물의 앞 모서리의 수직 선을 그린다.

● 양쪽의 소실점에 모서리 수직선 의 끝에서 가선을 그린다.

● 건물의 바닥 모서리를 그리고 모서 리 끝에 맞추어 아래 소실점에서 가선을 그린다.

● 건물의 뒷모서리의 수직선을 가선을 따라 그린다.

● 뒷 모서리의 윗쪽 끝에서 반대편 소실점까지 가선으로 연결한다.

● 건물의 외곽선을 그려 완성하고 가 선을 지운다.

[　　　3소점 투시도 그리는 순서　　　]

각에 노출되는 부분뿐 아니라 한 기점에서 양방향의 소실점으로 선을 이어보자. 표면에 의해 가려지는 부분까지도 투시도를 활용해서 그릴 수 있다. 보는 사람의 눈높이에 두 방향으로 소점이 생겨 화면의 양쪽에 소실점이 2개 생긴다. 건축물을 비스듬히 보았을 때 적용되는 방법이다.

3소점 투시도

3소점 투시도는 소실점이 3개로, 관찰자가 대상의 한 모서리의 귀퉁이를 보고 있는 경우라고 생각하면 된다. 3개의 면만 보이며, 공간 원근법이라고도 한다. 건물을 아래에서 위로 올려다보는 각도로 건물의 웅장함을 표현할 때 많이 쓰인다. 반대로 위에서 아래로 내려다보는 각도는 건물을 입체적으로 파악하기에 좋다.

건축물의 시각화 과정 연습하기

건축 시각화의 연습 과정은 섬네일 스케치, 투명한 종이에 옮겨 그리기, 개성 드러내기의 3가지로 구분된다.

섬네일 스케치 thumbnails

섬네일 스케치는 빠르고 간략하게 표현하는 방법으로, 여기에서
건축물의 디테일한 요소는 거의 나타나지 않는다. 이 단계의 기본
적인 목적은 짧은 시간 내에 적은 양의 시간과 노력을 들여 기본
틀을 잡고 최종 건축 스케치의 토대를 세우는 것이다. 섬네일 스
케치는 대상의 전체적인 특징을 꼭 필요한 선만 사용하여 빠르고
간략하게 그리는 것으로, 종이 위에 엄지손가락 정도의 크기로 작

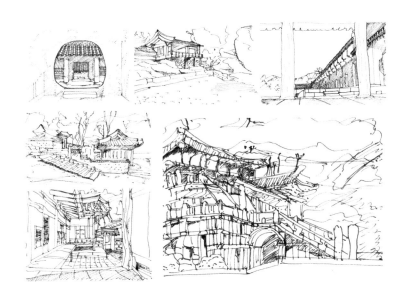

[섬네일 스케치로 빠르고 간략하게 건축물의 특징을 표현한다.   ]

게 그려두면 된다. 작은 크기의 스케치는 비례, 시점, 구성 등을 세심하게 표현하기에 앞서 여러 문제점들을 미리 파악하는 데 도움을 준다. 빠른 속도로 건축 스케치를 완성하는 연습은 '형태'보다 '느낌'을 표현하는 즐거움을 알게 해준다. 섬네일 스케치는 작고 간략한 스케치이므로 최선의 해결책을 찾을 때까지 많이 그려볼 수 있다. 다양한 섬네일 스케치 중에서 시점을 결정하고 최종 건축 스케치에서는 가장 알맞은 크기와 비례를 찾는다. 마지막으로 자신이 그리고 있는 부분을 건축 사진으로 남겨놓는다면 더 좋을 것이다.

투명한 종이에 옮겨 그리기

섬네일 스케치로 건축물을 그렸다면, 이번에는 그 건축물의 실물 혹은 사진을 보며 자신이 원하는 크기로 스케치를 해보자. 그 후 트레이싱지를 겹쳐놓고 스케치를 고쳐나가며 발전시킨다. 중요한 부분들과 사소한 부분들 간의 기본적인 관계를 살펴보고 그려나 간다.

우선 그려두었던 간략한 섬네일 스케치를 원하는 크기의 건축 스케치로 확대하여 다른 종이에 옮긴다. 보이지 않는 부분까지 그리고 나면 그 위에 트레이싱지를 겹쳐놓고 실제 형태를 전개시키고, 디테일, 대비 등을 이용하여 중요한 부분을 강조한다. 그다음

[　　　건축 스케치의 선은 자신의 개성이다.　　]

부수적으로 필요한 요소들의 디테일을 강조하며 스케치한다.

개성 드러내기

건축 스케치를 완성하기 위해 마지막으로 한 번 더 투명한 종이를 겹쳐놓고 옮긴다. 이 단계에서는 건축 스케치에 신선한 느낌을 주는 데 역점을 둔다. 또한 자신의 관점과 시각을 잘 전달시키기 위해 보는 사람의 관심이 건축 스케치에 집중되도록 해야 한다.

건축 스케치의 선은 그리는 사람의 개성을 드러낼 수 있어야 한다. 개성 있는 선을 통하여 어떤 선은 지워버리고, 어떤 부분은 미완성인 채로 남겨둠으로써 보는 사람으로 하여금 더 깊은 관심을 갖게 한다. 건축 스케치의 목적을 고려하여 프레임을 첨가할 것인지, 색을 넣을 것인지 등을 최종 결정한다.

효율적이며 창조적인 건축 스케치의 가장 좋은 방법은 반복에 있다. 연습할수록 좋아진다. 마음과 손은 근육과 같아서 사용할수록 강해진다. 나타내고자 하는 대상이 무엇인지 정확히 파악한다면 스케치하기는 더욱 쉽다. 우리는 흔히 대상을 제대로 관찰하지도 않은 채 '스케치'에 뛰어든다. 때때로 우리는 진정한 대상을 찾는 대신 결과만을 그리고 싶어 한다. 많은 시간을 낭비하고 엄청난 노력을 들이고도 고작 부분적이거나 비효율적으로 건축 스케

[대상을 제대로 관찰하고 스케치해보자.   ]

치를 한다. 우리에게 필요한 부분은 대상의 관찰과 그것을 표현할 수 있는 자신만의 관점과 시각이다.

건축 스케치를 쉽게 하는 방법

상자를 그리기

» 다양한 형태를 그린다.

복잡한 형태의 건물을 스케치할 때에는 커다란 상자에서 필요 없는 부분을 잘라내듯이 뺄셈으로 생각하고 그리면 어려워진다. 상자 위에 상자가 올라가 있는 즉, 상자+상자의 덧셈으로 생각해야 그리기 쉬워진다. 실제로 건물을 세울 때도, 만들고 나서 잘라내는 것이 아니라 자재를 더해서 쌓아나간다는 사실을 기억하면 좋다.

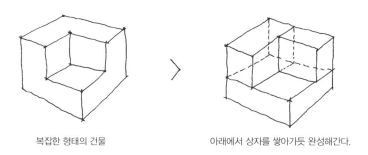

복잡한 형태의 건물   아래에서 상자를 쌓아가듯 완성해간다.

[복잡한 형태의 건물은 상자를 쌓아나가듯이 그린다.   ]

» 도시를 상자로 표현하기

도시는 수많은 건물들이 모여서 이루어진다. 각각의 건물들을 상자라고 생각하고 하나씩 그리다 보면 어느 순간에 도시가 완성된다. 커다란 상자와 길고 좁은 상자 등을 더해가면서 조금 더 복잡한 도시 형태도 그려낼 수 있다. 평행하게 늘어서 있는 대상이라면, 동일한 소실점을 이용하여 같은 화면 속에 상자를 얼마든지 더해가면서 도시의 모습을 표현할 수 있다.

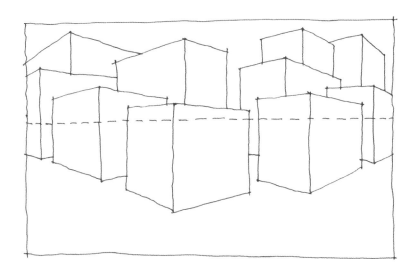

[도시를 상자로 그리는 연습을 한다.   ]

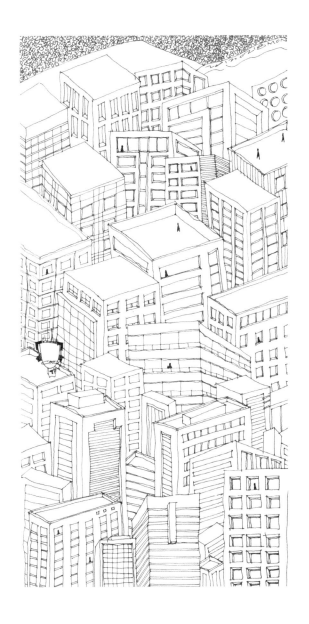

[도시나 건축은 상자로 이루어져 있다.   ]

복잡한 도시나 건물

복잡한 도시나 건물을 대상으로 스케치할 때는 가장 먼저 가장자리 윤곽선을 파악해야 한다. 대상의 구체적인 부분은 무시하고 대상 전체를 한 덩어리로 인식하여 전체의 실루엣, 즉 배경과 대상이 만나는 선을 연결시켜 그린다. 가장자리 윤곽선을 그리고 나면, 생략하고 싶은 부분은 과감히 생략하고 그리고 싶은 부분만 그려도 훌륭한 건축 스케치가 된다.

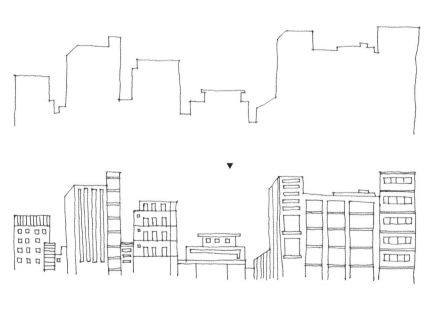

[복잡한 도시나 건물을 그릴 때는 가장자리 윤곽선을 먼저 그린다.   ]

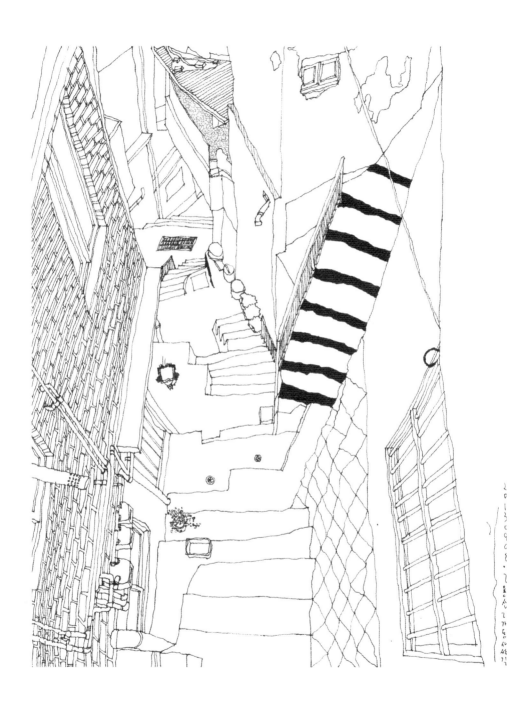

[　　　시점에 따라서 평범한 일상이 낯설게 표현된다.　　　]

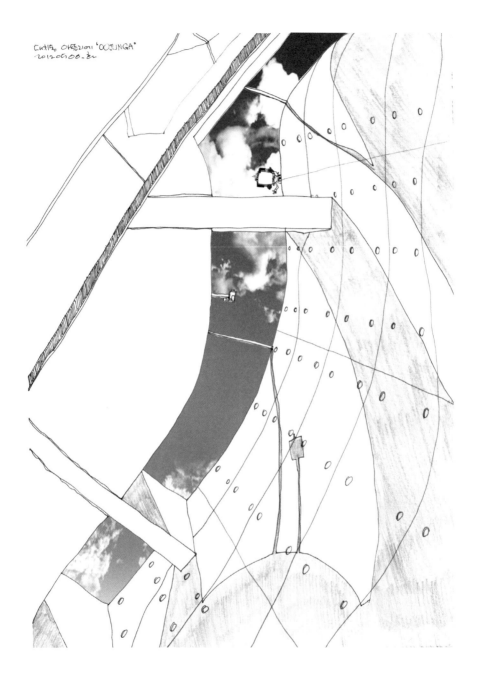

대학5。 아뜨리에 'OOJUNGA'
2012.05.00. 全

[　　　때로는 하늘을 바라보는 시점이 개성을 드러내기 좋다.　　]

시점에 따른 건축 스케치의 차이

자신의 생각을 잘 표현하기 위해서는 어떻게 건축 스케치를 할 것인가가 아니라, 무엇을 스케치해야 하는가에 대한 고민의 태도가 중요하다. 무엇을 표현하기 위해서는 도시와 건축을 세밀하게 관찰한 후 시점을 포착해야 한다. 건축 스케치는 시점에 따라서 때로는 평범해지기도, 때로는 특별해지기도 한다. 평범한 일상을 낯설게 보고 날것 그대로를 스케치해야 한다. 어느 날은 물고기의 시점에서 세상을 바라보기도 하고, 어느 날에는 발아래의 시점에서 도시를 바라보거나 또 어느 날에는 새의 시점에서 건축을 바라볼 때도 있어야 한다. 우리는 일상을 있는 그대로의 시점에서만 바라본다. 시각이라는 성찰은 곧 다르게 보기의 관점을 통하여 형성된다.

건축 스케치로
바라보는 세상

　건축 스케치는 객관적인 대상을 나만의 주관적인 해석을 바탕으로 기록하는 작업이다. 우리가 선택하는 건축 스케치의 대상 속에는 불필요한 요소가 많이 들어 있고, 효과적인 건축 스케치를 위해서는 그것을 과감하게 무시하고 강조하고 싶은 것에만 집중하는 선별력이 필요하다. 눈에 보이는 것을 그대로 옮겨 그려야 한다는 강박으로부터 벗어나야 필요할 때 위치나 크기를 재구성하고 대상의 일부를 확대할 수 있다. 상상력을 발휘해 완전히 새로운 형태로 변화시켜 표현할 수도 있다. 건축 스케치가 예술이 되고 재미있는 상상력 놀이가 될 수 있는 이유는 이처럼 자신만의

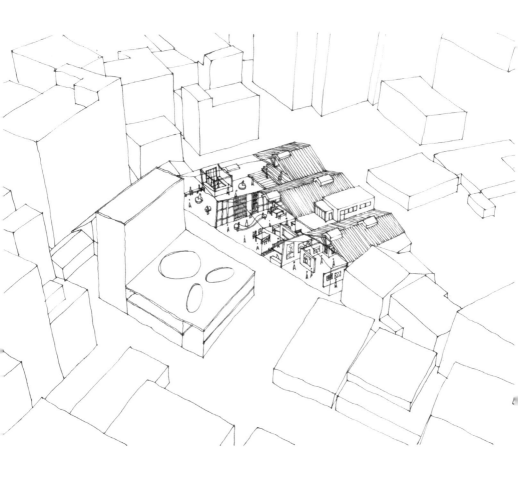

[보이지 않는 내부 공간을 건축 스케치를 통해 표현해도 좋다.   ]

관점과 시각으로 새로운 일상을 탐색할 수 있기 때문이다.

　건축 스케치를 할 때 그리는 선의 떨림은 곧 자신의 언어가 되고, 우리는 이 언어로 일상을 기록한다. 일상을 기록하는 일은 세상을 보는 일이다. 일상은 곧 여행이고, 일기가 된다. 우연히 지나치는 골목길, 세심하게 보지 않던 자신의 방, 매일같이 일하는 회사라는 공간, 화사한 날의 거리 등 일상의 모습은 늘 우리 곁에 있었지만 자세히 들여다보지는 못했다. 건축 스케치를 하다 보면 이러한 공간들을 하나하나 구체적으로 살펴보게 되면서, 보이지 않았던 것들이 눈에 들어오고 의미가 생성된다. 건축 스케치를 통하여 새로운 세상을 만나보면 좋겠다.

건축 스케치를 통해 자신이 보지 못했던 공간들을 하나하나
살펴보면서 새로운 세상을 만나보면 좋겠다.

[때로는 자신의 관점과 시각이 담긴 선으로 현실과는 다른 새로운 세상을 그려보는 것도 좋다.   ]

[걷다가 본 건물을 들여다보고 스케치해보자.   ]

4장

건축 사진과 스케치의 만남,
삶과 일상을 개성 넘치게 표현하다

새로운 공간을
상상하다

　　건축 사진과 건축 스케치의 만남이란 '무엇을 찍고 그릴까?' 즉 대상을 결정하고, '어떻게 찍고 어떻게 그릴까?'의 결정을 동시에 활용하는 방법이다. 사진을 잘 찍는 사람은 무엇을 찍어도 그럴듯해 보이고, 스케치를 잘하는 사람은 무엇을 그려도 멋있어 보인다. 따라서 '대상'보다 '방식'이 중요하다. 어떻게 찍고 어떻게 그려야 하는지를 알면 대상은 그리 중요하지 않다. 우리가 어떤 공간에 무언가를 찍고 그리는 것은 그 공간을 주제와 주제를 제외한 나머지 공간, 즉 '배경'으로 나눈다는 의미를 갖는다. 주제와 배경은 서로 상대적인 관계에 놓여 주제가 커질수록 배경은 작아지고, 주제가 작아질수록 배경은 커진다. 이 나머지 공간의 윤곽선을 파악할 줄 아는 관찰력이 건축 사진과 건축 스케치의 조합에서는 가장 중요한 핵심 능력이다. 건축 사진과 건축 스케치의 장점만을 골라 때로는 주제로, 때로는 배경으로 활용한다. 예를 들어, 디테일이 풍부한 건축물의 경우에는 주변의 배경을 건축 스케치로 표현하고 건축물을 건축 사진으로 활용하는 것이 좋다. 한편 꼭 강조해야 하는 건축물이 있을 경우 이를 건축 스케치로 표현하고 주변배경을 건축 사진으로 대체하는 방법도 있다.

건축 사진과 건축 스케치의 조합을 통해 자신만의 관점을 명확히 표현하여 일상 속에서 발견하지 못했던 새로운 공간을 상상해보자.

상상하자

나는 건축 스케치를 하기 전에 스케치할 그림을 상상만으로 처음부터 끝까지 그려본다. 그 덕분에 가선 없이 한 번에 그림을 그릴 수 있다. 건축 사진도 마찬가지다. 촬영하러 가기 전에 미리 상상하며 머릿속 가상의 카메라로 사진을 다양하게 찍어본다. 마음의 눈으로 상상한 것을 그려보고 찍어보는 것이다. 당연히 카메라나

펜과 종이가 없을 때도 이 작업은 가능하다. 이러한 연습을 통해 건축 사진이나 건축 스케치를 하기 이전에 대상을 이해한다면, 자신이 표현하고자 하는 생각을 더욱 잘 이미지화할 수 있다. 상상 속에서는 무엇이든 가능하다. 자유롭게 상상하며 자신이 생각하는 최적의 이미지를 계속해서 머릿속에 그리다 보면, 건축 사진과 스케치에 대한 두려움도 서서히 사라질 것이다.

찍을까, 그릴까? 상황에 따라 판단하자

무엇을 먼저 할 것인지는 중요하지 않다. 스케치를 먼저 하고 사진을 찍을 수도, 그 반대로 할 수도 있다. 이미 상상을 통하여 수없이 지우고 그리기를 반복했다. 다만, 자신의 관점과 시각으로 바라본 건축과 도시의 모습이 그대로 담겨 있어야 한다. 때로는 건축 사진으로 표현해야 좋은 것이 있고, 건축 스케치로 표현해야 좋은 것이 있다. 그리고 이 둘의 장점을 잘 활용하여 가장 좋은 창작물을 만들 수도 있다.

　　사진과 스케치 중 무엇을 먼저 할지는 상황에 따라 다르다고 해도, 우선 어떤 공간을 선택했다면 그 순간은 꼭 사진으로 남겨두어야 한다. 현장에서 건축 스케치를 모두 완성하는 것이 어렵기

[첫째, 담고자 하는 대상을 찍는다.   ]

[둘째, 자신이 드러내고자 하는 부분을 세심하게 스케치한다.   ]

[마지막으로, 건축 사진과 건축 스케치를 합성하여 자신만의 개성 있는 작품을 만든다.   ]

도 하거니와, 자신이 포착한 그 시간의 공간감은 다시 오지 않기 때문이다. 다시 현장을 방문해 건축 스케치를 보완할 때에도 건축 사진이 남아 있어야 당시의 느낌을 살려 작품의 주제를 부각시킬 수 있다.

삶과 일상 속 건축의 새로운 관점

건축 사진과 건축 스케치의 조합은 사진의 장점과 스케치의 장점을 하나로 만드는 작업으로, 공감각적 시각을 더욱 풍성하게 만든다. 따로 각각 보았을 때는 느낄 수 없었던 '사물을 바라보는 한 차원 높은 단계의 관점'을 전이시킨다. 평면적이기보디는 입체적으로, 사실적이기보다는 현실적으로 건축적 시각을 표현한다.

　　건축 사진은 있는 그대로의 모습을 보여주지만 건축 스케치는 선을 통하여 자신의 느낌을 여과 없이 나타낸다. 그래서 건축 사진과 건축 스케치를 하나로 합치면 장점은 배가된다. 자신이 드러내고 싶은 공간의 느낌을 최대한 고려하여 두 작품을 조합해 하나의 작품으로 만들어보자.

오감을 모두 동원해
찍고 그리기

　사람에게는 오감이 존재한다. 청각, 시각, 미각, 후각, 촉각이
라는 다섯 가지 감각이다. 오감은 인체에서 일어나는 여러 작용의
교환을 도와 다른 사람들 또는 사물들을 접촉하게 하는 데 중요한
요소로 작용한다. 그것은 항상 우리와 함께하며 창조적인 생각과
행위를 가능하게 한다. 감각을 통해 우리는 다른 사람들과 관계를
가지고 감정과 의사를 교환할 수 있다. 감각은 사람들의 주관과
비슷하다. 감각들은 서로 연결되어 있다. 대등하고 균형 있는 감각
은 창조적인 가능성과 개개의 성장을 위해 필수적이다. 우리는 오
감을 통하여 세상과 소통해야 한다.

[자신의 주변을 관찰하고 또 관찰하여 오감으로 표현할 수 있는 자신만의 색깔을 찾아보자.   ]

자신의 오감을 사용하기 시작하면, 매일같이 보고 다니던 일상이 다르게 보이기 시작한다. 자신이 한 행동 위주로 건축을 관찰하는 것이 아니라 많은 것을 보고, 듣고, 냄새 맡고, 맛을 보고, 피부로 느끼며 짧은 시간 동안 많은 일들이 벌어진다는 사실을 알게 된다. 항상 똑같은 길을 지나면서 매일, 매시간, 매순간 보고 느끼는 것이 다르다는 것을 알게 된다.

건축 사진과 건축 스케치를 하는 행위에 오감을 모두 동원하여야 한다. 그래야 조합한 이미지에서 때로는 냄새가 나고 때로는 소리도 들리며, 때로는 맛이 나기도 하는 오감이 표현된다. 이를 통하여 일상의 삶의 모습과 함께 자신이 세상을 바라보는 관점과 시각을 다양하게 이야기할 수 있다.

[사진과 스케치의 장점을 활용하여 역동성을 표현한다.   ]

[　　　　사진의 강력한 색감과 스케치의 자연스러움이 만나게 하자.　　　]

[내부를 표현하기 위해 선택과 집중을 한다.   ]

[때로는 의도적으로 여백을 만든다.   ]

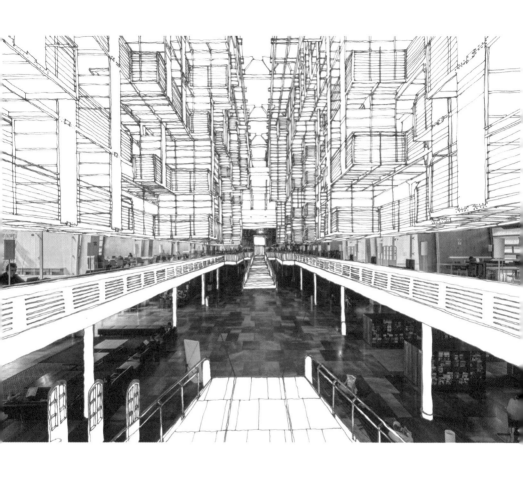

[사진과 스케치에서 각 디테일을 살린다.   ]

강조하고 싶은 부분을 섬세하게 관찰하여 사진과 스케치가 조화롭게 융합되도록 한다.

[건축 공간에 집중한다.   ]

표현 속에서 드러나는
자기 모습

건축 사진과 건축 스케치는 자기 모습을 표현하는 하나의 도구에 지나지 않는다. 세상에는 수많은 표현 방법들이 존재한다. 저마다에게 제일 잘 맞는 옷이 있듯이, 건축 사진과 건축 스케치가 나에게는 제일 잘 맞는 옷이다. 우리는 너무나 자신을 표현하는 데 인색하다. 자신의 삶에 대한 통찰은 끊임없는 자기 고민에서 나온다. 자기 자신의 모습을 정확하게 이해하는 것이 무엇보다 중요하다. 그러기 위해서는 하루하루 자신을 표현하는 습관을 들여야 한다. 하루 한 장의 사진과 한 장의 스케치를 하루도 빠짐없이 한다는 것이 쉬운 일은 아니다. 하지만 자신을 표현하면서 자신의 관점과 시각을 만들어가는 것이 어쩌면 인생을 살면서 한 번쯤은 필요하다고 생각한다. 관점과 시각이 없다는 것은 '내 생각을 표현하지 않는 일이기 때문'이다.

한발 더 들어가면, '표현하기 위한 나만의 생각을 정리하지 않기 때문'이기도 하다. 근본적으로는 나만의 생각을 만들어주는 '나만의 경험'이 부족하기 때문이다. 사실 나만의 사고방식을 만들어주는 독창적인 경험들과 이를 정리하는 사색의 시간, 또 이 생각을 표현하는 방법에 대한 적절한 연습과 공부만 되면 누구나 훌륭한 관점과 시각을 가질 수 있다.

나만의 경험

자기가 좋아서 하는 행동은 누가 시키지 않아도 찾아서 하게 된다. 그림이 좋으면 화방에서 붓을 구경하고, 공룡을 좋아하면 어려운 공룡들 이름도 외우게 된다. 이렇게 취미 활동은 스스로의 선택에 의해 결정되고, 자기의 생각과 적성이 반영되어 자연스럽게 남들과 다른 나만의 독창적인 경험을 할 가능성이 커진다. 다양한 경험을 '독창적인 경험'이라 이해하고, 자기가 좋아하는 것부터 접근하면 세상을 보는 방향을 더 쉽고 효율적으로 잡을 수 있다.

낙서를 통한 자기표현의 연습은 언젠가 개성으로 표출된다.

내 생각의 정리

창의성을 발휘하기 위해서는 자기의 생각을 정리해서 표현하는 것이 매우 중요하다. 바쁘게 지내며 몰랐던 많은 것을 배우고 알게 되는 것은 큰 도움이 된다. 하지만 새롭게 알게 된 지식을 정리하고 자기 것으로 만드는 '익힘'의 과정이 없으면, 습득한 많은 지식들이 내 것이 되지 않고 물에 떠 있는 기름처럼 피상적으로만 존재하는 문제가 발생한다.

많은 사람들이 '배움'에만 많은 시간과 노력을 투자한다. 자기만의 관점과 시각을 만드는 '익힘'의 시간이 부족한 것이다. 이해와 사색을 위해 혼자 생각을 정리하는 시간인 'me time'이 절대적으로 필요하다. 사람들과 나를 다르게 만드는 관점과 시각은 자신만의 시간을 통해서 체화됨을 기억해야 한다.

내 생각의 표현

내 생각을 자신 있게 말하는 사람은 의외로 많지 않다. 왜 우리는 이렇게 생각하게 되었을까? 우리가 수년 동안 배운 교육은 정답 맞히기이다. '다음 중 옳은 것은?'이라는 질문에 '옳은 것'을 찾느라 십수 년을 보낸다. 나도 모르는 사이에 옳은 것이 좋은 것이고, 틀린 것은 나쁜 것이라는 사고방식이 생기면서, 내 생각이 '옳다'고 어느 정도 확신이 들지 않는 이상 이를 표현하지 않는다. 이것이 반복되며 내 생각이 타인과 다를 경우 이것이 '옳지 않을 수도 있다'는 생각에 표현하기를 더욱 꺼려한다. 우리는 다들 주변 사람들에게 자기를 맞추기 위해, 즉 '튀지 않고 적당히 하기 위해' 생각보다 많은 노력을 한다. 자기 재능을 찾는 데도 모자를 시간에 남들의 눈을 의식하며 계속 자기를 깎아내고 있다. 이러다 보니 자신의 생각을 잘 표현하지 못하는 것이다. 자신의 관점과 시각을 잘 표현하기 위해서는 무엇보다 자신의 생각을 일상 속에서 계속해서 드러내야 한다.

나만의 경험, 생각, 표현이 만들어내는 '다름'

많은 사람들이 '다르다'와 '틀리다'를 혼동해서 쓰는 현상은 우리가 얼마나 옳은 답에만 많은 가치를 두고 있는가를 보여준다. '다르다'는 남들과 차별적인 점이 있다는 의미의 [different]이고, '틀리다'는 바람직하지 않다는 의미의 [wrong]이지만 주위에서 흔히 다르다를 틀리다로 말하는 것을 본다. 우리 머릿속에는 이미

나도 모르게 '다른 것은 틀린 것'이라는 사고방식이 자리한다는 것을 의미한다. 중요한 것은 나만의 경험, 생각 그리고 표현을 통해서 '틀림'이 아닌 자신만의 관점과 시각을 가진 '다름'을 만들어 내는 것이다.

[자신의 경험과 생각을 바탕으로 자신만의 표현을 만들어보자.   ]

마치며

세상을 바라보는 나만의 이야기

  솔직하고 싶었다. 모든 이야기가 일상을 표현하는 모습이고 싶었다. 오직 나만의 관점과 시각으로 세상을 바라보고 내 손으로 담아내고 싶었다. 그리고 그 일이 굉장히 즐겁고 행복한 사실이라는 것을 느끼고 싶었다. 그래서 어떤 이유에서건 이 글을 읽고 있는 당신에게는 진실이라는 단어에 한 발짝 다가갔다고 말하고 싶다. 당신은 꿈을 향해 나아가기 위한 마음의 준비를 마쳤고, 필요한 모든 것이 주변에 놓여 있다. 시간은 기다린다고 해서 저절로 생겨나지 않는다. 우리가 지나온 세월이 항상 그랬듯이 다음 기회는 오지 않는다. 자신의 속도에 맞추어 천천히 자신 안에 놓여 있는 진실에 다가갔으면 한다.

  어설프고 부끄럽고 비뚤거리는 건축 사진과 건축 스케치에 만족하고 겸손하자. 그렇게 한발 한발 내딛다 보면 당신의 삶은 더욱 세련되고 의미 있게 만들어진다. 나는 무엇과도 바꿀 수 없는, 누구도 훔칠 수 없는 당신 안에 창조적인 관점과 시각이 자리 잡게 될 것이라 믿는다. 바로 지금, 카메라와 스케치북 그리고 연필을 가방에 넣고 밖으로 나가보자.

　나에게 사진을 찍고 스케치를 그리는 일은 '나'를 찾고 '나'를 치유하는 과정이다. 내가 그리고 싶은 대로 그리는 것이 좋다. 무엇을 찍고 무엇을 그리건 나를 표현하는 행위이며 세상과 소통하는 과정이고, 나와 겉으로 드러나지 않는 또 다른 나의 무의식이 끊임없이 대화를 나누는 시간이다. 그래서 사진과 스케치는 나를 성찰하게 만들고 세상을 바라보는 눈을 깨닫게 도와준다. 그러나 모든 치유의 과정이 그렇듯 노력과 시간이 필요하다. 자신을 객관적으로 성찰하기는 그만큼 힘들기 때문이다. 진정한 자신의 모습을 발견하기 위한 노력은 오늘도 계속된다.

이훈길

참고문헌

Gerry Kopelow 지음,『디지털 건축사진』, 김이삭 옮김, KUKJE BOOKS, 2008

김성민 지음,『누구나 쉽게 이해하는 사진강의노트』, 소울메이트, 2012

김세리 지음,『시각과 이미지』, 이담 Books, 2013

김재경 엮음,『건축도시기행』, Spacetime, 2012

김재경 저,『셧 클락 건축을 품다』, 효형출판, 2013

데이비드 두쉬민 지음,『프레임 안에서』, 정지인 옮김, 정보문화사, 2011

마리우스 리멜레 · 베른트 슈티글러 지음,『보는 눈의 여덟 가지 얼굴』, 문화학연구
    회 옮김, 글항아리, 2015

마이클프리맨 지음,『사진디자인을 위하여』, 양재문 옮김, 도서출판 삼경, 1998

마츠다 유키마사 지음,『눈의 모험』, 김경균 옮김, 정보공학연구소, 2006

미첼 헤리스 지음,『건축사진』, 김철현 옮김, 도서출판 삼경, 1999

박진영 저,『건축 · 인테리어 스케치의 기초』, 디지털북스, 2007

베티 에드워즈 지음,『눈으로 마음으로 그리기』, 비즈앤비즈, 2010

스테파니 트래비스 지음,『건축 · 인테리어 스케치 쉽게 따라하기』, 이지민 옮김, 더
    숲, 2015

아드리안 슐츠 지음,『건축보다 빛나는 건축사진 찍기』, 김문호 옮김, 효형출판,
    2011

에르빈 파노프스키 지음,『상징형식으로서의 원근법』, 심철민 옮김, 도서출판b,
    2014

존 버거 지음,『본다는 것의 의미』, 박범수 옮김, 동문선, 2002

존 버거 지음,『다른 방식으로 보기』, 최민 옮김, 열화당, 2012

장정제 지음,『건축설계제도의 이해』, Spacetime, 2008

커트 행크스 · 래리 벨리스톤 지음,『발상과 표현기법』, 박영순 옮김, 디자인하우스,
    2004

커트 행크스 · 데이브 에드워즈 · 레리 벨리스턴 지음,『재미있는 디자인 여행』, 혼현
    숙 옮김, 도서출판 도솔, 1996